图解等离子、液晶电视机维修技术

韩雪涛 韩广兴 吴瑛 编著

金盾出版社

内 容 提 要

本书共十一章,分为两部分:第1～4章为第一部分,从整机的角度介绍等离子、液晶电视机的结构、工作原理、故障特点以及拆解方法和基本检修方法;第5～11章为第二部分,从单元电路的角度分别介绍等离子、液晶电视机电视信号接收电路、音频信号处理电路、数字信号处理电路、系统控制电路、电源电路、显示屏驱动电路,以及液晶电视机特有的逆变电路的结构特点、电路分析和检修方法等。

本书内容丰富、图文并茂、通俗易懂、实用性强,既可作为家电维修人员的入门指导,也可供职高、中专、技校师生阅读参考。

图书在版编目(CIP)数据

图解等离子、液晶电视机维修技术/韩雪涛,韩广兴,吴瑛编著 . — 北京 : 金盾出版社,2016.1

ISBN 978-7-5186-0415-9

Ⅰ.①图… Ⅱ.①韩…②韩…③吴… Ⅲ.①等离子体—彩色电视机—维修②液晶电视机—维修 Ⅳ.①TN949.192

中国版本图书馆 CIP 数据核字(2015)第 161885 号

金盾出版社出版、总发行

北京太平路 5 号(地铁万寿路站往南)
邮政编码:100036 电话:68214039 83219215
传真:68276683 网址:www.jdcbs.cn
封面印刷:北京盛世双龙印刷有限公司
正文印刷:双峰印刷装订有限公司
装订:双峰印刷装订有限公司
各地新华书店经销

开本:787×1092 1/16 印张:14.875 字数:358 千字
2016 年 1 月第 1 版第 1 次印刷
印数:1～4 000 册 定价:48.00 元

(凡购买金盾出版社的图书,如有缺页、
倒页、脱页者,本社发行部负责调换)

前 言

随着科技的进步和制造技术的提升，人们的日常生活逐渐进入电气化时代。特别是等离子、液晶电视机，无论是品种还是产品数量，都得到了迅速的发展和普及，已经在人们生活中占据了重要的位置，为人们的生活提供了极大的便利。

近些年，新技术、新器件、新工艺的采用，加剧了等离子、液晶电视机产品的更新换代。各种品牌、型号的等离子、液晶电视机不断涌现，市场拥有量逐年攀升，功能也越来越完善。

强烈的市场需求极大地带动了维修服务和技术培训市场。然而，面对种类繁多的等离子、液晶电视机产品和复杂的电路结构，如何能够在短时间内掌握维修技能成为维修人员面临的重大问题。

本书作为等离子、液晶电视机维修技术和技能的专业培训教材，在编写内容和编写形式上有以下特点：首先，从样机的选取上，对目前市场上的等离子、液晶电视机产品进行了全面的筛选，按照产品类型选取典型演示样机，并对典型样机实拆、实测、实修。其次，全面系统地介绍了不同类型等离子、液晶电视机的结构特点、工作原理以及专业的检测维修技能。第三，结合实际电路，增添了很多不同机型电路的分析和检修解析，帮助读者完善和提升维修经验。

本书突出实用性、便捷性和时效性。在对等离子、液晶电视机维修知识的讲解上，摒弃了冗长繁琐的文字罗列，内容以"实用"、"够用"为原则。所有的操作技能均通过项目任务的形式、结合图解的演示效果呈现。并结合国家职业资格认证、数码维修工程师考核认证的专业考核规范，对等离子、液晶电视机维修行业需要的相关技能进行整理，并将其融入实际的应用案例中，力求让读者能够学以致用。

在结构编排上，本书采用项目式教学理念，以项目为引导，增强实战的锻炼，突出拆卸、实测、维修等操作技能，并结合产品类型和岗位特征进行合理编排，让读者在学习中实践，在实践中锻炼，在案例中丰富实践经验。

本书中所选取的内容均来源于实际的工作。这样，读者从图中可以直接学习工作中的实际案例，非常有针对性，确保学习完本书就能够应对实际的工作。

为了达到良好的学习效果，图书在表现形式方面更加多样。知识技能根据其技术难度和特色选择恰当的体现方式，同时将"图解、图表、图注"等多种表现形式融入到了知识技能的讲解中，更加生动、形象。

本书依托数码维修工程师鉴定指导中心组织编写，参加编写的人员均参与过国家职业资格标准及数码维修工程师认证资格的制定和试题库开发等工作，对电工电子的相关行业标准非常熟悉，并且在图书编写方面都有非常丰富的经验。此外，本书的编写还吸纳了行业各领域的专家技师参与，确保本书的正确性和权威性，力求知识讲述、技能传授和资料查询的多重功能。

本书由韩雪涛、韩广兴、吴瑛等编写，其他参编人员有梁明、宋明芳、张丽梅、王丹、王露君、张湘萍、韩雪冬、吴玮、唐秀鸯、吴鹏飞、高瑞征、吴惠英、王新霞、周洋、周文静等。

为了更好地满足读者的要求，达到最佳的学习效果，每本书都附赠价值50元的学习卡。读者可凭借此卡登录数码维修工程师官方网站（www.chinadse.org）获得超值技术服务。网站提供有最新的行业信息，大量的视频教学资源，图纸手册等学习资料以及技术论坛。用户凭借学习卡可随时了解最新的电子电气领域的业界动态，实现远程在线视频学习，下载需要的图纸、技术手册等学习资料。此外，读者还可通过网站的技术交流平台进行技术的交流咨询。

由于数码技术的发展迅速，产品的更新换代速度很快，为方便师生学习，我们还另外制作有相关VCD系列教学光盘，有需要的读者可通过以下联系方式与我们联系购买。

网址：http://www.chinadse.org

联系电话：022-83718162/83715667/13114807267

E-Mail：chinadse@163.com

联系地址：天津市南开区榕苑路4号天发科技园8-1-401

邮编：300384

编　者

目 录

第 4 章　等离子、液晶电视机的故障特点和基本检修方法

第 5 章　等离子、液晶电视机电视信号接收电路的故障检修

第 6 章　等离子、液晶电视机音频信号处理电路的故障检修

第 7 章　等离子、液晶电视机数字信号处理电路的故障检修

第 8 章　等离子、液晶电视机系统控制电路的故障检修

第 9 章　　**等离子、液晶电视机电源电路的故障检修**

第 10 章　　**等离子、液晶电视机显示屏驱动电路的故障检修**

第 11 章　　**液晶电视机逆变器电路的故障检修**

第 1 章

等离子、液晶电视机的结构

1.1　等离子电视机的结构

1.1.1　等离子电视机的整机结构

等离子电视机采用等离子屏作为图像显示器件。这种图像显示器件是利用离子放电激发荧光材料发光的原理制成的，其外形呈平板状，显示的图像清晰、明亮。

图 1-1 所示为典型等离子电视机的结构分解图。从图中可以看出，等离子电视机主要是由后机壳、前机壳、等离子显示板、主电路板、操作显示和遥控接收电路板、外接接口等部分构成的。

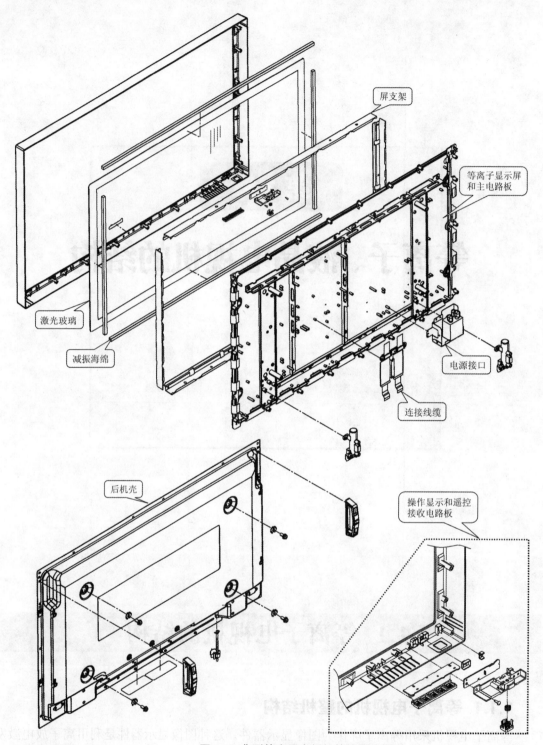

图 1-1 典型等离子电视机的结构分解图

屏支架

等离子显示屏
和主电路板

激光玻璃

减振海绵

电源接口

连接线缆

后机壳

操作显示和遥控
接收电路板

1. 外部结构

图 1-2 所示为长虹 PT4206 型等离子电视机的外部结构。它主要由壳体、电视机的铭牌标识、输入输出端口、操作按键、支架和挂架等部分组成。

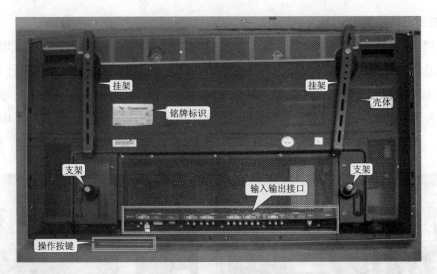

图 1-2 长虹 PT4206 型等离子电视机的外部结构

通常等离子电视机的后部会设计有多种输入输出接口，如天线接口、AV 输入／输出接口、VGA 接口、DVI 接口、S 端子、分量视频接口等。图 1-3 所示为长虹 PT4206 型等离子电视机的输入输出端口。

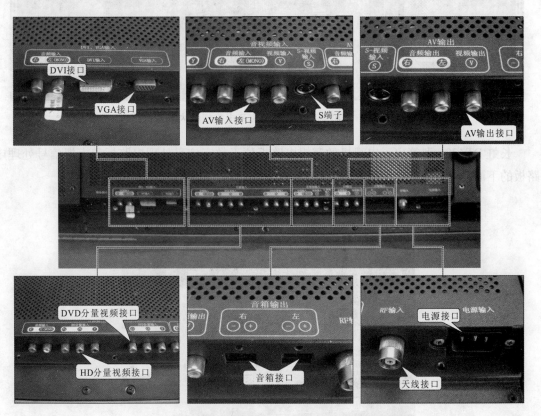

图 1-3 长虹 PT4206 型等离子电视机的输入输出端口

2. 内部结构

将等离子电视机的后机壳拆开后，便可看到内部的结构。它主要由各种印制电路板和电器元件以及连接导线组成。等离子电视机的电路比较复杂，电路板体积大，并且元器件较多，主要包括电源电路板、数字信号处理电路板和模拟信号处理电路板，左右两侧为显示屏驱动电路板（X 驱动电路板和 Y 驱动电路板）。图 1-4 所示为长虹 PT4206 型等离子电视机的内部结构。

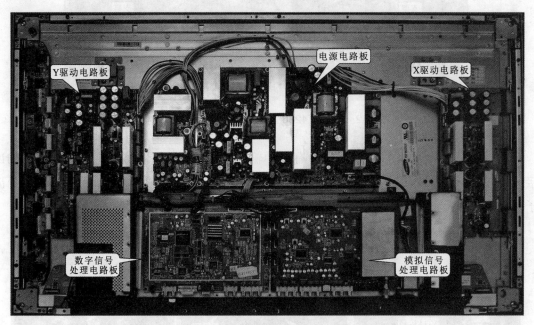

图 1-4 长虹 PT4206 型等离子电视机的内部结构

长虹 PT4206 型等离子电视机的逻辑电路板位于数字信号处理电路板和模拟信号处理电路板的下面，将两电路板拆下后，才能看到逻辑电路板，如图 1-5 所示。

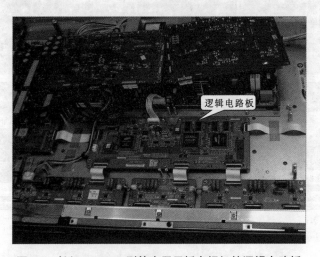

图 1-5 长虹 PT4206 型等离子平板电视机的逻辑电路板

【信息扩展】

在 Y 驱动电路板和逻辑电路板的后级还设有 Y 缓冲电路板和 L 缓冲电路板，如图 1-6 所示。这两个电路板分别是横坐标和纵坐标的选址电极驱动电路，由逻辑电路分配的信号首先送入这两个电路板中，再分配给显示屏进行选址。

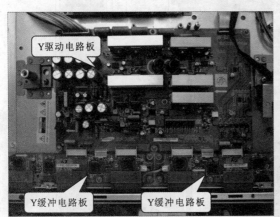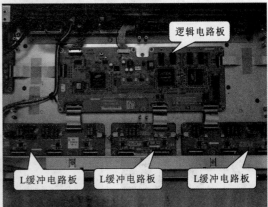

图 1-6 Y 缓冲电路板和 L 缓冲电路板

1.1.2 等离子电视机的电路结构

图 1-7 所示为典型等离子电视机的整机电路结构框图。从图中可以看出，等离子电视机的电路主要是由电视信号接收电路、音频信号处理电路、数字信号处理电路、电源电路、逻辑电路、操作电路和等离子屏驱动电路等构成的。

1. 电源电路

等离子电视机的电源电路是将交流 220 V 市电电压经整流、滤波、变换和处理，变成多种直流电压，为整机的各部分电路提供电压。由于等离子电视机电源电路提供的电压有高有低、功率有大有小，因此其体积比较大，元器件和散热片也比较多。图 1-8 所示为等离子电视机电源电路板及其上的元器件。

2. 电视信号接收电路

等离子电视一般采用一体化调谐器作为电视信号接收电路。一体化调谐器内部集成了调谐器与中频电路，主要用来接收由天线或有线电视接口送来的电视射频信号，并将该信号进行高放、本振、混频、视频检波和伴音解调等处理后，输出视频信号和伴音信号，送往后级的电路中。图 1-9 所示为电视信号接收电路——一体化调谐器。

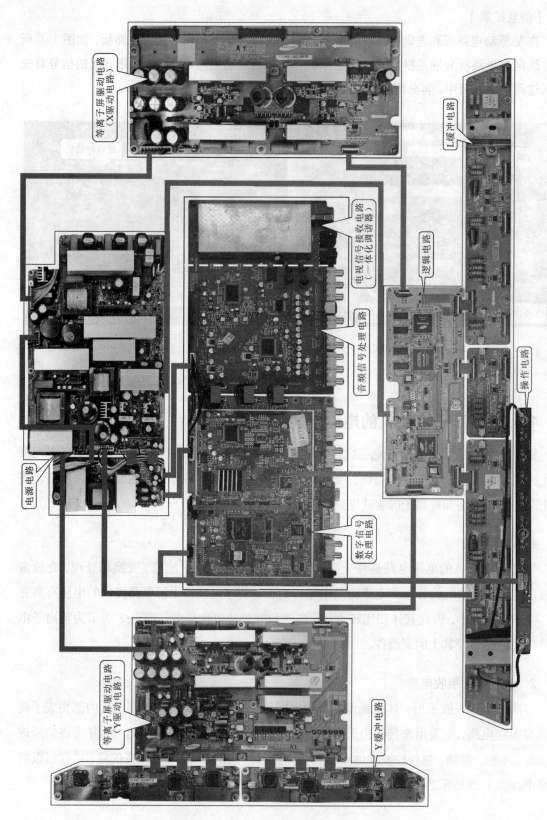

等离子屏驱动电路（X激动电路）

L缓冲电路

电视信号接收电路（一体化调谐器）

逻辑电路

音频信号处理电路

电源电路

操作电路

数字信号处理电路

等离子屏驱动电路（Y驱动电路）

Y缓冲电路

图 1-7　典型等离子电视机的整机电路结构框图

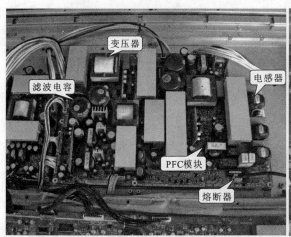

图1-8 等离子电视机的电源电路板

图1-9 电视信号接收电路（一体化调谐器）

3. 数字信号处理电路

　　等离子电视机中的数字信号处理电路主要由视频解码器、数字视频处理器、数字图像处理器、图像存储器、程序存储器等集成电路及外围元器件组成，如图1-10所示。它主要的功能是进行视频图像信号的处理。由调谐器、AV 输入接口、S 端子、分量视频接口、VGA 接口、DVI 接口等送来的视频信号，分别经视频解码器、模数转换器、DVI 接口芯片等电路后，将模拟图像信号转换为数字图像信号，然后送往数字视频处理器和数字图像处理器等进行处理，输出数字图像信号送到等离子驱动电路中。

4. 音频信号处理电路

　　音频信号处理电路就是用来处理音频信号的电路，一般由音频信号处理集成电路和音频功率放大器及外围元器件组成，如图1-11所示。由一体化调谐器输出的伴音信号或由 AV 接口输入的音频信号，首先送入音频信号处理集成电路中进行处理，再经音频功率放大器放大后，去驱动扬声器发声。

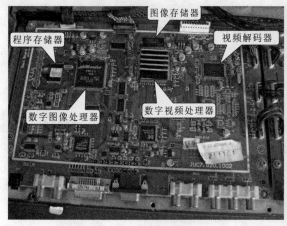

图1-10 数字信号处理电路

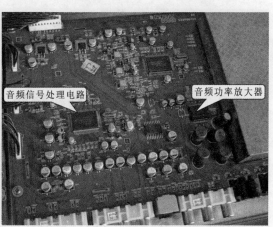

图1-11 音频信号处理电路

5. 等离子显示屏驱动电路

在等离子显示屏的四周设计有等离子显示屏驱动电路，用来为等离子显示屏提供电压和信号。它主要由逻辑电路、X 驱动电路、Y 驱动电路组成，如图 1-12 所示。X 驱动电路用来为等离子显示板中维持电极提供驱动信号，使屏幕发光；Y 驱动电路用来为等离子显示板中的地址电极提供驱动信号；逻辑电路主要用来对数字信号处理电路送来的信号进行处理，并为等离子显示屏中的数据电极提供驱动信号，控制整个显示屏组件有序的工作。

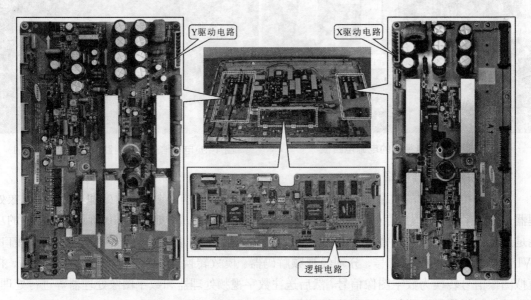

图 1-12 等离子显示屏驱动电路

1.2 液晶电视机的结构

1.2.1 液晶电视机的整机结构

液晶电视机采用液晶显示屏作为显示器件。这种图像显示器件是采用液晶材料制成的。其外形呈平板状，具有质量轻、图像显示清晰的特点。

图 1-13 所示为典型液晶电视机的结构分解图。从图中可以看出，液晶电视机主要是由后机壳、底座、前机壳、液晶显示板、扬声器、电源电路板、逆变器电路板、数字信号处理电路板、操作电路板、遥控信号接收电路板、外接接口等部分构成的。

从图中可以看出，从液晶电视机的外部可以看到前、后机壳、底座等部分，将电视机的后机壳拆开后才可看到内部的电路板、扬声器等部分。在某些液晶电视机的维修手册中，还可找到液晶显示板的分解图，如图 1-14 所示。根据该分解图，便可了解到液晶显示板的组成部件。

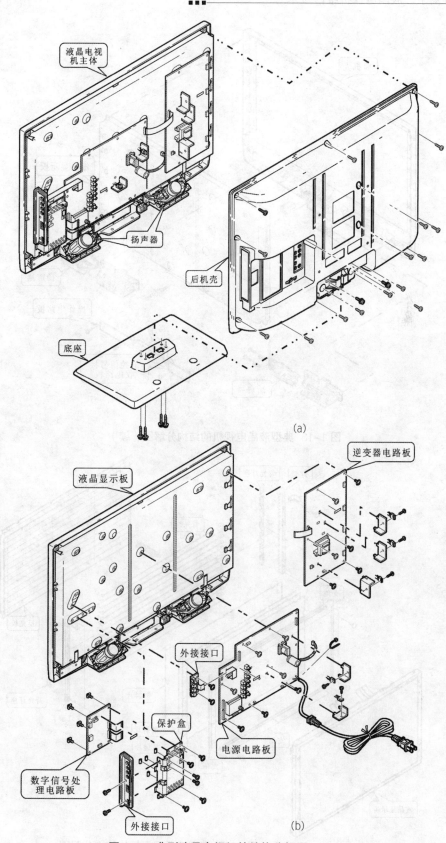

图 1-13　典型液晶电视机的结构分解图

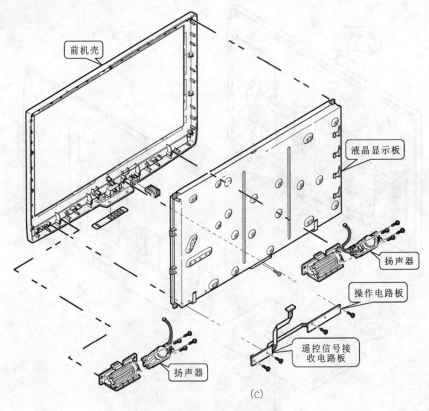

(c)

图 1-13 典型液晶电视机的结构分解图（续）

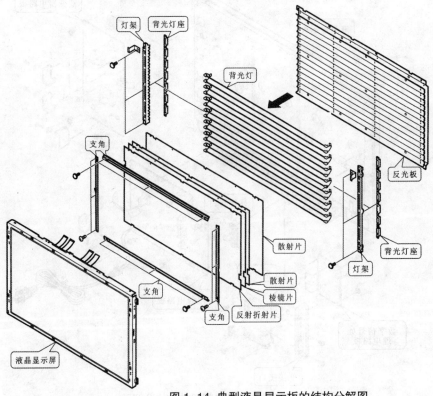

图 1-14 典型液晶显示板的结构分解图

1. 外部结构

图 1-15 所示为厦华 LC-32U25 型液晶电视机的外部结构。从电视机正面可看到液晶显示屏、操作按键、扬声器和底座等，从背面可看到电视机的铭牌标识、输入输出端口、扬声器连接线和电源线等部分。

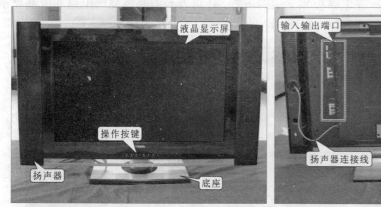

（a）正面　　　　　　　　　　　　　　　　　（b）背面

图 1-15　厦华 LC-32U25 型液晶电视机的外部结构

图 1-16 所示为厦华 LC-32U25 型液晶电视机的输入输出接口。通常液晶电视机的后部会设计有多种输入输出接口，常见的有天线接口（即调谐器接口）、AV 接口、VGA 接口、HDMI 高清视频接口、S 端子、分量视频接口等。

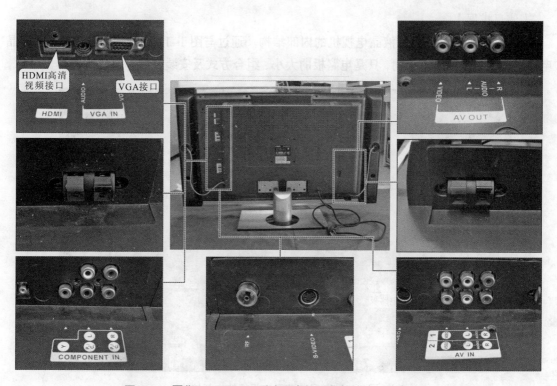

图 1-16　厦华 LC-32U25 型液晶电视机背部的输入输出端口

2. 内部结构

将液晶电视机的机壳和扬声器盖板拆开后，便可看到内部的各个电路板以及扬声器等部分。图 1-17 所示为厦华 LC-32U25 型液晶电视机内部结构。拆开后机壳后，首先会看到数字信号处理电路板、模拟信号处理电路板、电源电路板、操作和遥控信号接收电路板以及位于支架下方的逆变器电路板。在电路板和支架的下方，还可看到液晶屏驱动电路和液晶显示板。该液晶电视机的扬声器位于左右两侧，通过两根线缆与电路板连接。

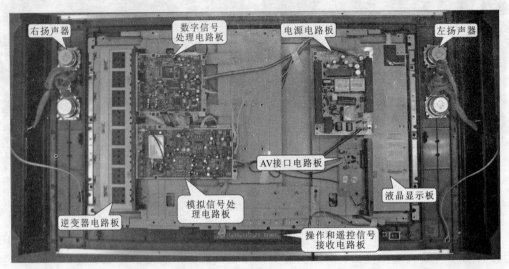

图 1-17 厦华 LC-32U25 型液晶电视机的内部结构

【信息扩展】

图 1-18 所示为某品牌液晶电视机的内部结构。通过与图 1-17 比较可以看出，不同液晶电视中的主要电路基本相同，只是电路板的大小、组合方式及安装位置等有较大差异。

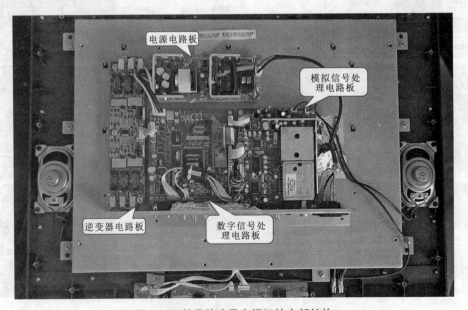

图 1-18 某品牌液晶电视机的内部结构

图 1-19 所示为厦华 LC-32U25 型液晶电视机的操作和遥控信号接收电路板。在该电路板上可找到多个微动开关、电源指示灯（双色发光二极管）和遥控信号接收器。

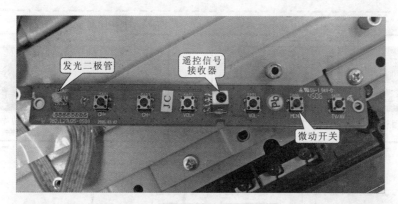

图 1-19　厦华 LC-32U25 型液晶电视机的操作和遥控信号接收电路板

图 1-20 所示为厦华 LC-32U25 型液晶电视机的左、右声道扬声器。从图中可以看出，在该液晶电视机中每组扬声器分别由不同功率的扬声器组成。

（a）左声道

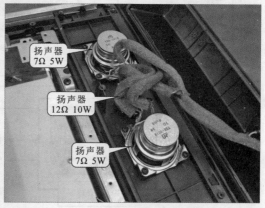

（b）右声道

图 1-20　厦华 LC-32U25 型液晶电视机的左、右声道扬声器

1.2.2　液晶电视机的电路结构

图 1-21 所示为典型液晶电视机的整机电路结构框图。从图中可以看出，液晶电视机的电路主要是由电视信号接收电路、数字信号处理电路、音频信号处理电路、系统控制电路、电源电路、逆变器电路和液晶显示屏驱动电路等构成的。

1. 电源电路

电源电路是为液晶电视机各单元电路和元器件提供工作电压的电路。它通常单独设计在一块电路板上，通过电视机的电源线，便可顺利找到电源电路板。在电源电路板上，一般都有开关变压器、滤波电容等一些有特点的元器件，如图 1-22 所示。

2. 电视信号接收电路

电视信号接收电路主要由调谐器、声表面波滤波器、中频信号处理电路以及外围元器件构成,如图1-23所示。通常,找到调谐器后,在其附近便可找到声表面波滤波器、中频信号处理电路等部分。

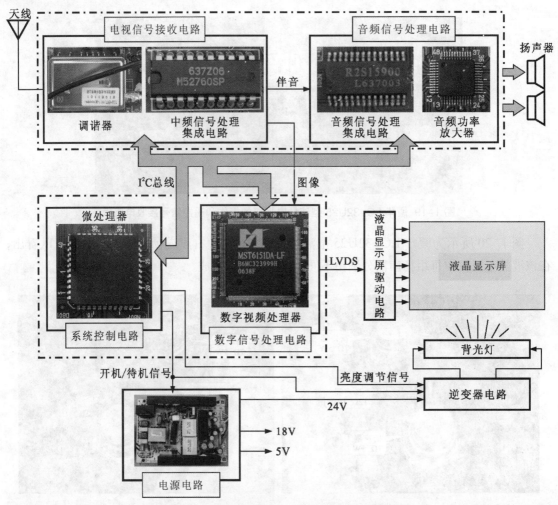

图 1-21 典型液晶电视机的整机电路结构框图

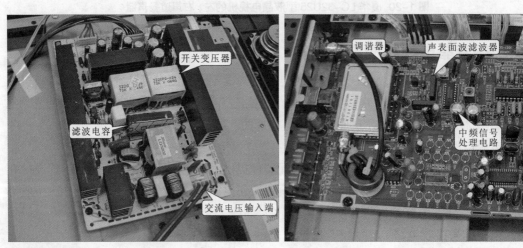

图 1-22 电源电路　　　　　　　　图 1-23 电视信号接收电路

3. 数字信号处理电路

数字信号处理电路可以对输入的模拟视频信号或数字视频信号进行数字处理，并将产生的 LVDS 数字信号送到液晶显示屏驱动电路中，驱动显示屏显示图像。通常数字信号处理电路会单独设计在一块电路板上，电路板上安装有多个大规模集成电路芯片、贴片元器件以及滤波电容，如图 1-24 所示。

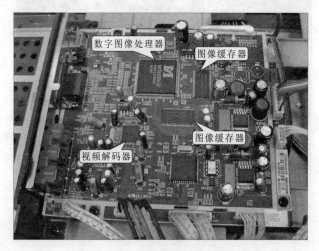

图 1-24 数字信号处理电路

4. 音频信号处理电路

音频信号处理电路主要用来处理输入的音频信号，并输出经过放大的音频信号驱动扬声器发声。该电路主要由音频信号处理电路、音频功率放大器以及外围元器件构成。该电路的显著特点是，通过音频输出接口与扬声器相连。通过音频输出接口就可以顺利找到音频功率放大器和音频信号处理电路等集成电路，如图 1-25 所示。

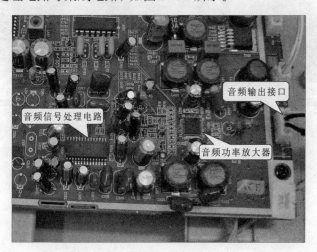

图 1-25 音频信号处理电路

5. 系统控制电路

系统控制电路是对液晶电视机各个部分进行控制的电路。它的核心部分是微处理器（简称 CPU），此外还包括晶体、存储器等元器件。通常系统控制电路被设计在数字信号处理电路板上。微处理器具有很多引脚，外形与数字图像处理器相似，在其附近可找到晶体以及小型的存储器，如图 1-26 所示。

图 1-26 系统控制电路

6. 逆变器电路

逆变器电路用来为背光灯灯管供电，并通过调节逆变器电路输出的交流电压的变化对显示屏的亮度进行调整。逆变器电路单独设计在一块电路板上或与电源电路共用一块电路板。在逆变器电路板上可找到驱动控制信号产生集成电路模块和两个以上的升压变压器以及多个驱动场效应晶体管，如图 1-27 所示。

图 1-27 逆变器电路

第 2 章

等离子、液晶电视机的工作原理

2.1 等离子电视机的工作原理

2.1.1 等离子电视机的整机工作原理

图 2-1 所示为典型等离子电视机的整机工作原理框图。由图可知，等离子电视机主要是由三大部分构成的，分别是电源供电部分、信号处理部分和等离子屏驱动部分。电源电路由滤波电路将交流电转换为直流电，为其他电路和等离子显示屏提供工作电压；信号处理电路主要将输入的电视信号进行处理，分离出音频信号和视频信号，音频信号经放大后去驱动扬声器发声，视频信号经处理后输出图像显示信号；图像显示信号被送往等离子显示屏驱动电

路中，经逻辑电路处理后输出等离子屏显示驱动信号，来驱动等离子显示屏显示图像。其中，等离子显示屏是等离子电视机中最为独特的部件。

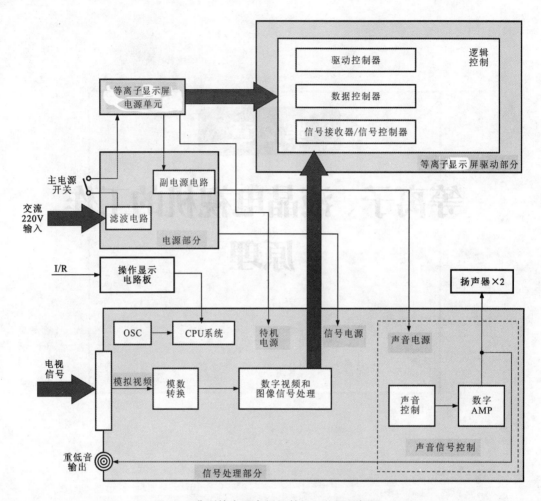

图 2-1 典型等离子电视机整机工作原理框图

　　等离子电视机的主体就是等离子显示屏。等离子显示屏是由前后玻璃基板、地址电极、数据电极、维持电极，以及隔离层、保护膜等组成。在显示屏的后基板上有几百万个像素单元，每一个像素单元又被分割为三个小单元，每个小单元被分别涂上 R（红）、G（绿）、B（蓝）三种颜色的荧光粉，并在前后基板中间充入惰性气体。图 2-2 所示为典型的等离子显示屏结构。

　　等离子显示屏的工作原理与日光灯很相似。电极在外加电压的作用下，使惰性气体呈现离子状态，并且放电，放电电子使荧光层发光。由于荧光层是由 R、G、B 三色荧光粉组成的，因此在电极的控制下，荧光层发出 R、G、B 三色光线，不同比例的 R、G、B 三色光线合成后就形成了不同的颜色。图 2-3 所示为等离子显示屏的发光原理，图 2-4 所示为等离子显示屏的显色原理。

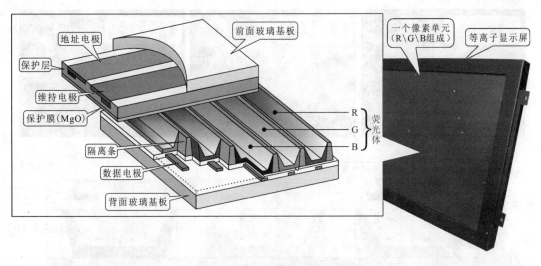

图2-2 典型的等离子显示屏结构

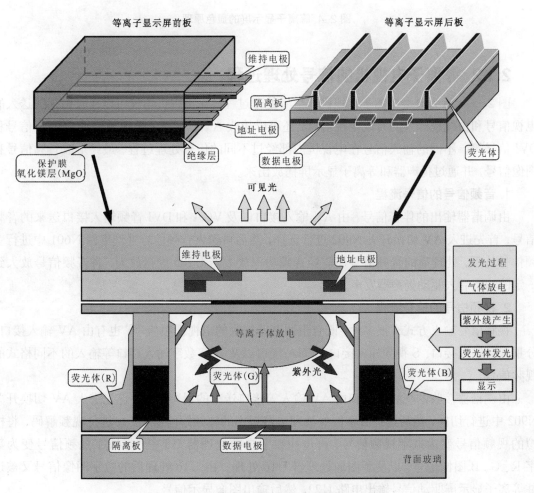

图2-3 等离子显示屏的发光原理

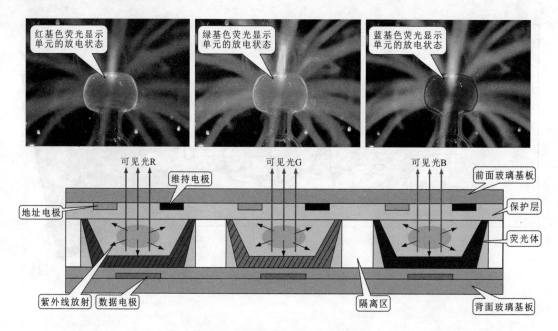

图 2-4 等离子显示屏的显色原理

2.1.2 等离子电视机的信号处理过程

图 2-5 所示为典型等离子电视机的信号处理过程。该电视机不仅可以接收由天线送入的电视信号和由线缆送入的有线电视信号，还可以接收 AV 信号、分量视频信号、VGA 信号和 DVI 信号等。不同的输入信号在电视机内部经过不同的信号处理过程，最终形成音频信号和图像信号，并通过扬声器和等离子显示屏播放出来。

1. 音频信号的信号流程

由调谐器输出的伴音信号、由 AV 输入接口以及 VGA 和 DVI 音频输入接口送来的音频信号，首先进入 AV 切换开关 N902 进行选择，然后再送入音频信号处理电路 N601 中进行音频信号处理，处理后的音频信号还需经音频功率放大器 U705 进行放大，将音频信号放大到一定的功率后去驱动扬声器发声。

2. 视频信号的信号流程

视频信号输入方式有很多种，既有由调谐器接收的电视视频信号，也有由 AV 输入接口、分量视频输入接口、S 视频输入接口、VGA 接口以及 DVI 数字输入接口等输入的不同格式的视频信号。

由调谐器接收的视频信号和由 AV 输入等接口送来的视频信号，首先进入 AV 切换开关 N902 中进行切换，然后送往数字图像处理电路板中的视频解码器 U1 中进行视频解码，将模拟的视频信号变为数字视频信号，再送往数字视频处理器 U3 中，将数字视频信号变为数字 R、G、B 图像信号，以便于图像处理器 U16 处理。由 U16 处理后的数字图像信号又被送往等离子显示屏驱动信号输出电路 U22，然后输出图像显示信号。

由 VGA 接口送来的模拟视频信号首先要送往模数转换器 U6 中进行模数转换，转换后的数字视频信号被送往 U3 中将数字视频信号变为数字 R、G、B 信号，然后送入 U16 中。而由 DVI 接口送来的数字图像 R、G、B 信号，经 DVI 接口芯片 U11 处理后直接送入 U16 中进行处理，并输出数据图像信号，最后由 U22 输出图像显示信号。

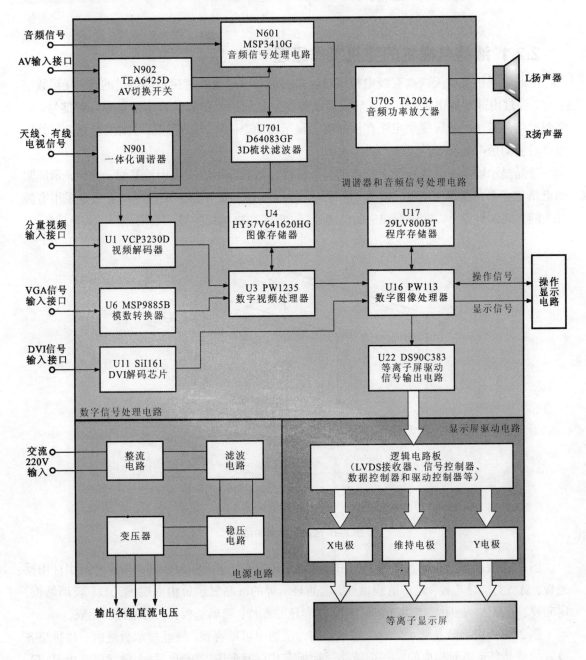

图 2-5 等离子电视机的信号处理过程框图

3. 电源电路的信号流程

电源电路将交流 220 V 电压首先进行整流、滤波，变成开关脉冲信号，再经开关变压器和整流、滤波电路输出不同大小的直流电压，为等离子电视机中的各部分电路提供工作电压。

2.2 液晶电视机的工作原理

2.2.1 液晶电视机的整机工作原理

液晶电视机接收天线或有线电视接口送来的射频信号或外接接口等输送的音、视频数字信号，经过内部功能电路处理后，形成用以控制液晶显示屏图像的数字信号和音频信号，数字图像信号通过显示屏驱动电路在液晶屏上显示出动态图像，而音频信号则经音频信号处理电路后驱动扬声器发声。

液晶显示屏是液晶电视机上特有的显示部件。液晶显示屏主要由液晶显示板、显示屏驱动电路和背部光源组件构成，如图 2-6 所示。目前，液晶显示屏常见的驱动方式是采用有源开关的方式来对各个像素进行独立的精确控制，以实现更精细的显示效果。

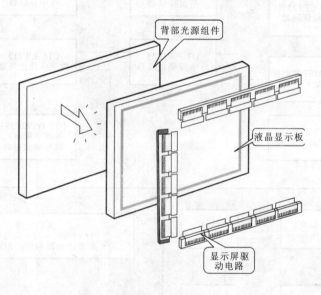

背部光源组件

液晶显示板

显示屏驱动电路

图 2-6 液晶显示屏的结构

图 2-7 所示为液晶显示屏的剖面图。从图中可以看出，液晶显示屏的背部光源组件由反光板、背光灯、导光板、光扩散膜组成，液晶显示屏的液晶显示板由底层偏光板、玻璃基板、定向膜、液晶体、透明导电膜（像素电极）、彩色滤光片、玻璃基板、表层偏光板组成。

图 2-8 所示为液晶显示屏的分解示意图。从图中可以看到，液晶显示板是由一排排整齐设置的液晶显示单元构成的。一个液晶显示板有几百万个像素单元，每个像素单元由 R、G、B 三个小的单元构成。像素单元的核心部分是液晶体（液晶材料）及其半导体控制器件。

液晶体是不发光的，外加电压不同，液晶板上各个像素的透光性不同。如果使控制液晶单元各电极的电压按照电视图像的规律变化，在背部光源的照射下，从前面观看就会有电视图像出现。

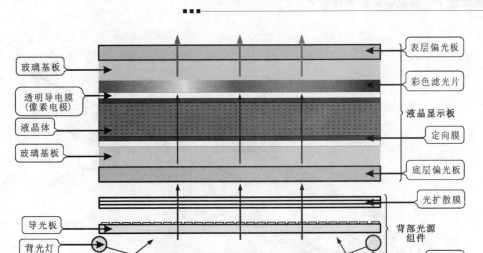

图2-7　液晶显示屏的剖面图

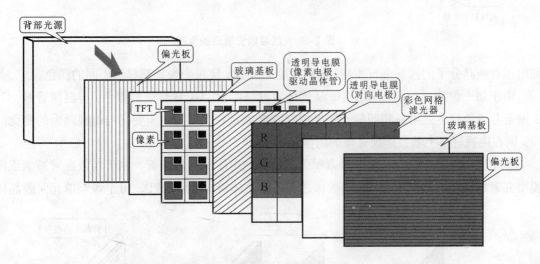

图2-8　液晶显示屏的分解示意图

1. 液晶显示屏的透光原理

从液晶显示屏的结构可知，液晶显示屏是由多个不同功能的板状材料叠压制成的，而液晶层中每个像素都是由R、G、B三基色组成的。液晶分子在外部电场的作用下改变排列状态，来改变每个像素单元的透光性，从而使每个像素单元显示的颜色不同。

液晶屏的透光性与屏两侧的偏光板有关。光线是由一系列光波构成，这些光波沿着与传播方向呈90°的方向发生振动，也就是说，一束光是由沿着不同平面振动的光波组成。而液晶显示屏中所使用的偏光板，仅可以沿着特定的平面过滤光波。当入射光的振动方向与偏光板的方向一致时，光可以穿过偏光板，当偏光板的方向与入射光的方向不同时，会阻断光的通过，如图2-9所示。

2. 液晶显示屏的显像原理

在液晶层的前面，设计由R、G、B栅条组成的彩色滤光片，光穿过R、G、B栅条，就可以看到彩色光，如图2-10所示。在每个像素单元中，通过加在TFT（薄膜晶体管）上的外

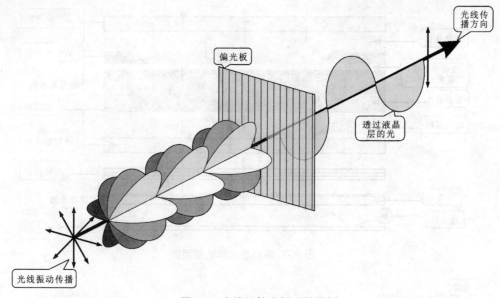

图 2-9 光线经偏光板后的传播

加电压对液晶分子的排列进行控制，从而改变透光性，使每个像素都显示不同的颜色。

由于每个像素单元的尺寸很小，从远处看就是由 R、G、B 合成的颜色，与显像管 R、G、B 栅条合成的彩色效果是相同的。如果控制液晶单元各电极的电压变化与电视画面的变化同步，则在电视屏幕上就会呈现完整的图像。

每个像素单元中设有一个为像素单元提供控制电压的场效应管。由于场效应管被制成薄膜型并紧贴在下面的基板上，因而被称之为薄膜晶体管，简称 TFT。每个像素单元薄膜晶体

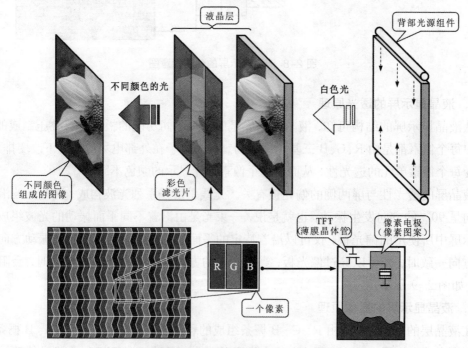

图 2-10 液晶显示屏的显像原理

管栅极的控制信号是由横向设置的 X 轴提供的, X 轴提供的是扫描信号, Y 轴为薄膜晶体管提供驱动信号, 驱动信号是数字图像信号经处理后形成的。图 2-11 所示为液晶层的内部电路结构图。

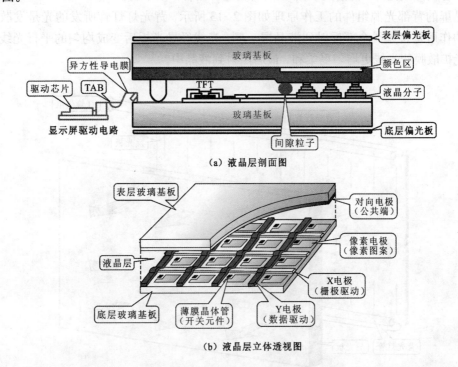

（a）液晶层剖面图

（b）液晶层立体透视图

图 2-11 液晶层的内部电路结构图

图 2-12 所示为单个像素的驱动原理。驱动信号的电压加到场效应管的源极, 扫描信号加到栅极。当栅极上有正极性脉冲时, 场效应管导通, 源极的图像数据电压便通过场效应管加到与漏极相连的像素电极上, 于是像素电极与公共电极之间的液晶体便会受到 Y 轴图像电压的控制。如果栅极无脉冲, 则场效应晶体管便是截止的, 像素电极上无电压。

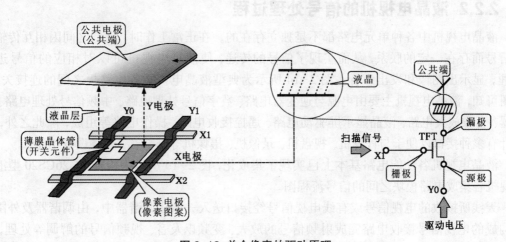

图 2-12 单个像素的驱动原理

3. 背部光源组件的工作原理

由于液晶体本身是不发光的，因而需要将光源设置在液晶板的背部。过去常采用冷阴极荧光灯（管状）做光源，目前大多由 LED（发光二极管）所取代。

液晶屏的背部光源组件的工作原理如图 2-13 所示，背光灯灯管所发的光是发散的，而反光板的作用是将光线全部反射到液晶屏一侧，光线经导光板后变成均匀的平行光线，再经过多层光扩散膜使光线更均匀更柔和，最后照射到液晶中。

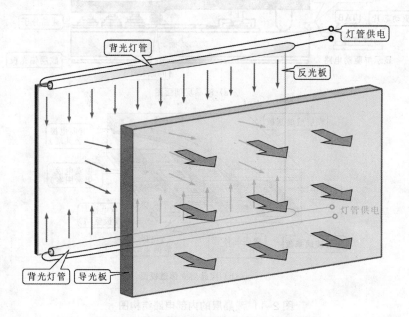

图 2-13 液晶屏的背部光源组件的工作原理

当背光灯的两端加上 700 ~ 1000 V 的交流电压时，灯管内部的电子将会高速撞击电极，产生二次电子，水银受到电子撞击后产生波长为 253.7nm 的紫外光，紫外光激发涂在内壁上的荧光粉产生可见光。

2.2.2 液晶电视机的信号处理过程

液晶电视机中各种单元电路都不是独立存在的。在正常工作时，它们之间因相互传输各种信号而存在一定的联系，从而实现了信号的传递，使液晶电视机可以对相应的信号进行处理，显示出图像和发出声音。图 2-14 所示为典型液晶电视机各电路板之间的连接关系。由图可知，液晶电视机主要由电源与逆变器电路、数字信号处理电路、中频信号处理电路、调谐器、音频放大电路、液晶显示屏驱动电路、遥控接收电路、操作电路等组成，除此之外，还设计有多种接口以便于与计算机、视盘机、录像机、摄像机等外部音、视频设备相连。

液晶电视机各功能电路基本上已实现了集成化，图 2-15 所示为康佳 LC26CS20 型液晶电视机各集成电路模块之间的信号流程图。

天线所接收的电视信号或有线电视信号经接口送入一体化调谐器中，由调谐器及外围元件构成的电视信号接收电路完成射频信号的放大、变频以及音、视频信号的解调等处理，由①脚输出音频信号，③脚输出视频图像信号送往微处理器／数字图像处理／音频信号处理集

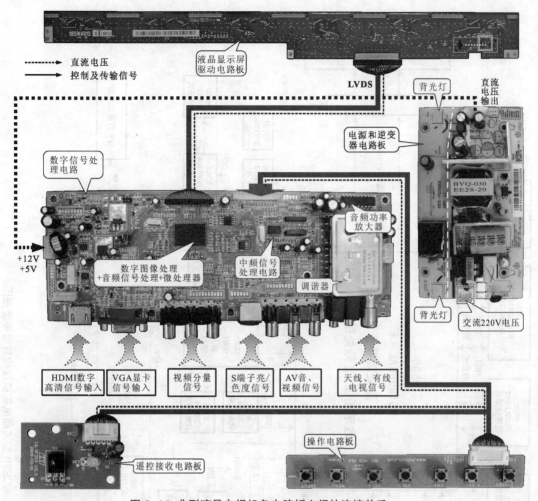

图 2-14 典型液晶电视机各电路板之间的连接关系

成电路 N500 中。由 VGA 接口以及视频分量接口输入的信号也送入 N500 中，在 N500 内部对两路视频信号进行切换和处理。

本机接收的视频信号与外部接口输入的视频信号，经 N500 内部切换、数字图像处理后，形成低压差分信号（LVDS），经屏线送往液晶显示屏驱动电路中，从而使液晶显示屏显示图像。

第二伴音信号经 N500 内部的音频处理部分处理后，分别输出 L、R 音频信号，该信号被分别送往音频功率放大器 N600 和音频放大电路 N200 中，经放大处理后，再分别送往本机左右声道扬声器以及耳机接口。

数字图像处理／音频信号处理电路 N500 内部集成的微处理器电路，通过 SDA（串行数据线）和 SCL（串行时钟线）传输控制信号。数据存储器 N503、程序存储器 N402 和 DDRAM 存储器 N501 作为图像存储器和程序存储器使用，配合 N500 芯片工作。

整机的待机、电源指示灯、静音、背光灯的亮度、背光灯电源供电等都是由 N500 芯片中的微处理器调节控制的。

交流 220 V 电压在开关电源电路中进行滤波、整流、开关振荡、稳压等处理后，输出多路直流电压，为电路板上的各电路单元及元器件提供基本的工作条件。

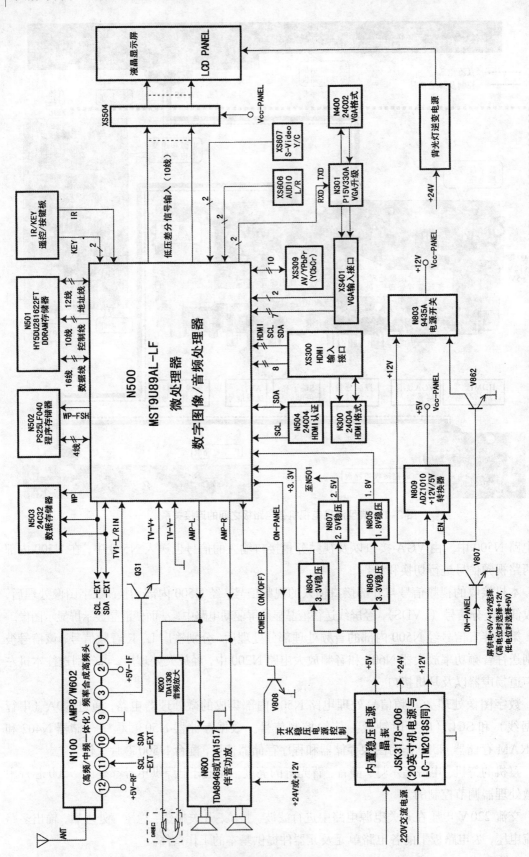

图 2-15 康佳 LC26CS20 型液晶电视机结构与信号流程图

第3章

等离子、液晶电视机的拆解方法

3.1 等离子电视机的拆解方法

3.1.1 等离子电视机外壳的拆解方法

等离子电视机的外形结构基本相同,其拆解方法也基本类似。下面,以长虹PT4206等离子电视机为例介绍等离子电视机外壳的拆解方法。

图3-1所示为拆卸等离子电视机固定支架的操作演示。

等离子电视机的支架是确保等离子电视机悬挂安装的重要支撑部件,它通常采用螺钉固定于等离子电视机的后背板。拆卸时使用十字旋具将支架与后背板之间固定螺钉卸下即可。

图 3-1 等离子电视机后面板上的支架与支脚的拆卸

后背板支架拆卸完毕，接下来拆卸 AV 接口护板，如图 3-2 所示。这块护板主要用于保护等离子电视机的内部电路。拆卸时先使用旋具将 AV 接口护板周围的固定螺钉卸下，然后便可小心取下 AV 接口护板。

待 AV 接口护板拆卸完毕，便可以对后背板进行拆卸，拆卸方法如图 3-3 所示。

逐一将安装于后背板四周的固定螺钉卸下，便可以小心地将后背板整体取下。

【要点提示】

在拆卸支架和 AV 接口护板和后背板时，需要将等离子电视机倒扣在操作台上。因此要特别注意对等离子电视机屏幕的保护。确保操作台平台坚固，等离子电视机放置妥当。最好在操作台上垫一块厚度合适且质地柔软的护垫，确保等离子显示屏不会被划伤或搁坏。

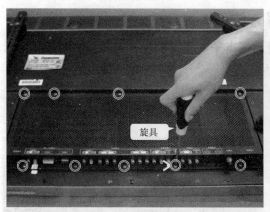

（a）使用十字旋具将接口护板的固定螺钉取下　　　　（b）将接口处护板取下

图 3-2 拆卸 AV 接口护板的方法

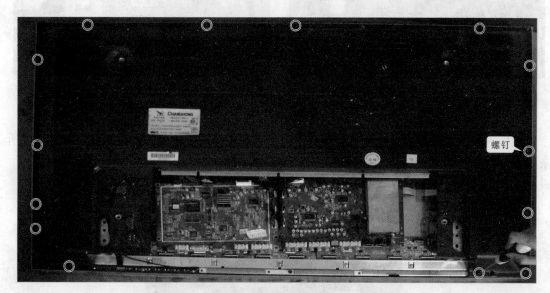

（a）将后背板上的固定螺钉用十字旋具取下

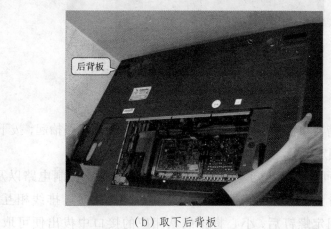

（b）取下后背板

图 3-3 拆卸后背板的方法

3.1.2 等离子电视机电路的拆解方法

取下等离子电视机的后背板后，便可以看到等离子电视机的内部电路，如图 3-4 所示。下面，具体介绍等离子电视机内部电路的拆解方法。

首先，使用旋具将调谐器和音频信号处理电路与数字信号处理电路的固定螺钉取下，如图 3-5 所示。

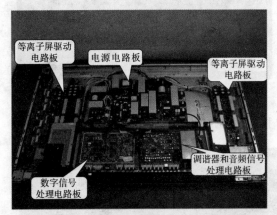

图 3-4 拆下背板后的等离子电视机内部电路

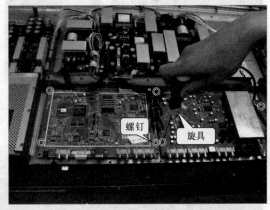

图 3-5 拆卸调谐器和音频信号处理电路与数字信号处理电路的固定螺钉

然后拆卸位于音频信号处理电路与数字信号处理电路固定板上的固定螺钉，如图 3-6 所示。

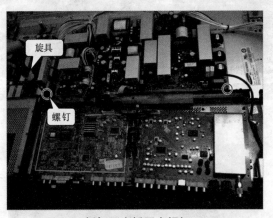

图 3-6 拆卸固定板固定螺钉

接下来，便可将调谐器和音频信号处理电路与数字信号处理电路抬起，拔下电源接口处的接插件，就可以取下固定板了，如图 3-7 所示。

当固定板取下后，可以看都位于等离子电视机内部的系统控制电路以及操作电路。如图 3-8 所示，可以看到，这些电路通过固定螺钉固定，并通过排线相互连接。若需拆卸则可以在拆卸完固定螺钉后，小心将排线从相应的接口中拔出便可取下相应的电路板。

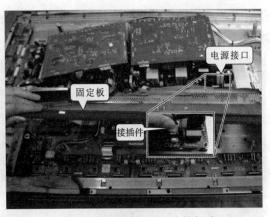

（a）抬起调谐器和音频信号处理电路及数字信号　　　　　（b）拔下电源接口处的接插件

处理电路　　　　　　　　图 3-7 取下固定板

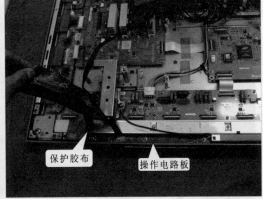

图 3-8 系统控制电路及操作电路

3.2　液晶电视机的拆解方法

3.2.1　液晶电视机外壳的拆解方法

通常，在拆卸液晶电视机外壳之前，首先要拆卸底座。图 3-9 所示为典型液晶电视机底座的固定方式，它是由四颗固定螺钉固定的。

在拆卸之前，应首先戴上绝缘手套，以防止人体静电损坏电路板元件。接着，用旋具拧下固定底座的四颗螺钉，如图 3-10 所示。拆卸时应注意沿对角拆卸螺钉，并把拆下的螺钉放到一个小容器中，不能乱扔乱放，养成良好的操作习惯。拆卸过程中还要注意扶稳液晶电视机，防止螺钉松开后液晶电视机滑落，出现损伤。

拆下固定螺钉后即可将液晶电视机与底座分离，如图 3-11 所示。

【信息扩展】

值得注意的是，并不是所有液晶电视机拆卸时都需要拆下底座，有些液晶电视机的底座

和后壳是连在一起的，拆卸时不需要将底座拆掉。因此读者需在实际维修中注意多观察，具体问题具体分析。

图 3-9 典型液晶电视机底座的固定方式

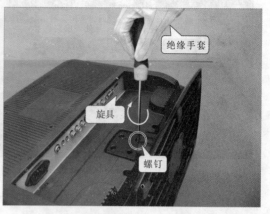

图 3-10 底座的拆卸

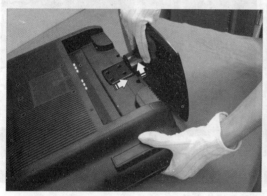

（a）电视机后壳与底座分离

（b）分离后的电视机后壳与底座

图 3-11 拆卸底座

底座拆卸完毕，接下来就可以拆卸液晶电视机的后壳了。图 3-12 所示为液晶电视机后壳的固定方式，其后壳上共有十颗固定螺钉。

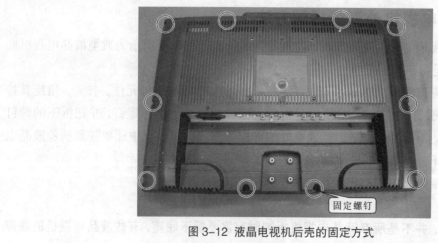

图 3-12 液晶电视机后壳的固定方式

用旋具拧下固定后壳的十颗螺钉，如图 3-13 所示。拆卸的螺钉应注意妥善放置，防止丢失。拆卸完后壳的螺钉后，便可将液晶电视机的后壳取下，如图 3-14 所示。

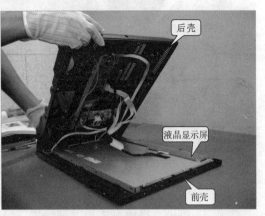

图 3-13 液晶电视机后壳固定螺钉的拆卸　　　　图 3-14 取下液晶电视机后壳

【要点提示】

在取下液晶电视机后壳时，应注意缓慢用力，边抬起边注意观察内部的连接线路，不要用力过猛，防止连接线路或插头被扯坏。

3.2.2 液晶电视机电路的拆解方法

在拆解液晶电视机内部电路之前，要将与液晶电视机外壳连接的全部导线拔除，否则会造成连接线缆的损坏，严重时还会导致电路板受损。

1. 拔除连接线

在拔出引线的接插件时，应注意用力不要过猛，以免将引线拔断，如图 3-15 所示为拔出液晶板驱动数据线。

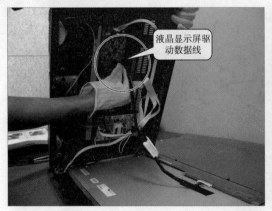

图 3-15 拔出液晶显示屏驱动数据线

图 3-16 所示为拔出电源电路板供电引线。

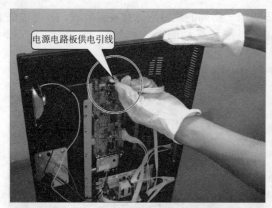

图 3-16 拔出电源供电引线

图 3-17 所示为拔出数字信号处理电路板与操作和遥控接收电路板之间的连接引线。

图 3-17 拔出数字信号处理电路板与操作和遥控接收电路板之间的连接引线

图 3-18 所示为拔出背光灯插座连接引线。

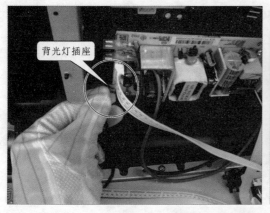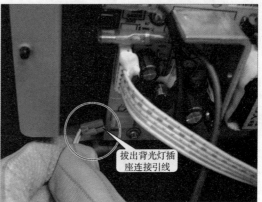

图 3-18 拔出背光灯插座连接引线

图 3-19 所示为拔出交流 220 V 电源供电引线。

图 3-19 拔出交流 220 V 电源供电引线

图 3-20 所示为拔出扬声器连接线引线。

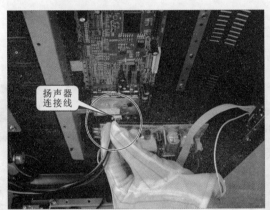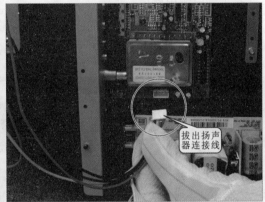

图 3-20 拔出扬声器连接引线

2. 拆卸操作电路板

操作电路板位于液晶电视机的上侧。操作电路板的拆卸方法分为三步：首先拧下电路板上的固定螺钉，如图 3-21 所示；然后，用手将卡扣压开，如图 3-22 所示；最后，取下该电路板，如图 3-23 所示。

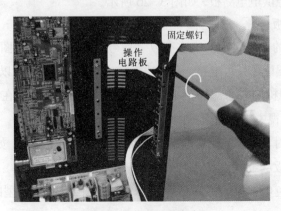

图 3-21 拆下固定螺钉

图 3-22 操作显示电路板的拆卸图

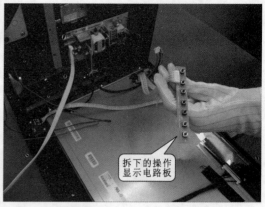

图 3-23 取下操作电路板

3. 拆卸电源电路板

液晶电视机中电源电路板的固定方式，如图 3-24 所示。

拆卸电源电路板的方法是：首先，拆下电源电路板四周的固定螺钉，如图 3-25 所示。

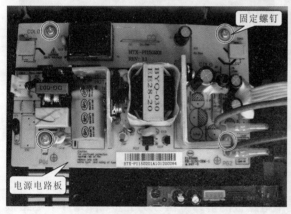

图 3-24 液晶电视机电源电路板的固定方式

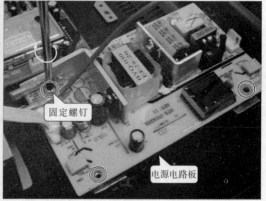

图 3-25 拆下电源电路板四周的固定螺钉

接着，取下电源供电电路板，如图 3-26 所示。

4. 拆卸主电路板

在液晶电视机的主电路板上集成有数字信号处理电路、数字图像处理／音频信号处理／微处理器电路、中频信号处理电路、音频功率放大电路、调谐器，以及多种信号接口（参见图 2-14），是液晶电视机的核心部件。主电路板是由四颗螺钉紧固在液晶电视机后壳上的。图 3-27 所示为液晶电视中主电路板的固定方式。

拆卸主电路板时，首先用旋具拆下主电路板四周的固定螺钉，如图 3-28 所示。

接着将主电路板从金属盒上取下，如图 3-29 所示。

此时，液晶彩色电视机的拆卸过程基本完成，图 3-30 为典型的液晶彩色电视机的拆解

图 3-26 取下电源供电电路板

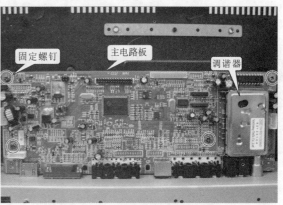

图 3-27 液晶电视机中主电路板的固定方式

图 3-28 拆下主电路板四周的固定螺钉

图 3-29 取出主电路板

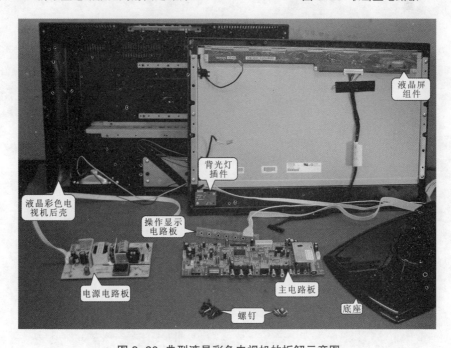

图 3-30 典型液晶彩色电视机的拆解示意图

完成图。

每一台液晶彩色电视机的内部结构不尽相同，其拆卸方法也略有不同，应根据实际情况进行拆卸。在维修过程中，也不一定把所有的部件都拆开，应根据实际需要拆到能维修的步骤即可。

第4章

等离子、液晶电视机的故障特点和基本检修方法

4.1 等离子、液晶电视机的故障表现和检修方案

4.1.1 等离子、液晶电视机的故障表现

检测等离子、液晶电视机，首先要对等离子、液晶电视机的故障特点有所了解。等离子、液晶电视机的故障表现主要反映在"图像显示不良"、"显示屏本身异常"、"声音播放不良"和"部分功能失常"四个方面。

综合四方面的故障表现，我们可以将等离子、液晶电视机的故障大体划分为5个大类：即"图像、伴音均不良"的故障；"伴音正常、图像不良"的故障；"显示屏本身异常"的故障；

"图像正常、伴音不良"的故障和"部分功能失常"的故障。

1."图像、伴音均不良"的故障

"图像、伴音均不良"的故障主要是指等离子、液晶电视机图像显示和声音播放都存在问题。这类故障可分为2种情况："无图像、无伴音、指示灯不亮"和"无图像、无伴音、指示灯亮"。

1)"无图像、无伴音、指示灯不亮"的故障

图4-1所示为等离子、液晶电视机"无图像、无伴音、指示灯不亮"故障的典型表现。

（a）正常表现　　　　　　　　　（b）故障表现

图4-1 "无图像、无伴音、指示灯不亮"的故障表现

这种故障也称为"三无"或"黑屏"故障，主要表现为：打开等离子、液晶电视机后，整机无反应，电源指示灯不亮，屏幕为黑屏，没有图像显示，也听不到声音。

【要点提示】

等离子、液晶电视机不开机，指示灯也无法点亮说明电视机的开关电源电路无法启动，多为开关电源电路和微处理器工作不正常。

2)"无图像、无伴音、指示灯亮"的故障

图4-2所示为等离子、液晶电视机"无图像、无伴音、指示灯亮"故障的典型表现。

（a）正常表现　　　　　　　　　（b）故障表现

图4-2 "无图像、无伴音、指示灯亮"的故障表现

这种故障主要表现为：接通等离子、液晶电视机电源后，电源指示灯亮（接通电源时指示灯为橙色，启动后正常变为蓝色），二次开机正常，屏幕能够点亮（光栅正常），没有图像显示，也听不到声音。

【要点提示】

等离子、液晶电视机屏幕能够点亮，表明其电源、背光驱动（对于液晶电视机来说）、逻辑驱动（对于等离子电视机来说）等电路基本正常；图像和伴音全无，多为电视机中处理图像和伴音信号的公共通道不良，如天线、电视信号接收电路（包括调谐器、预中放、声表面波滤波器、中频电路，或将上述元件集成在一起的一体化调谐器）等部分不良。

2.“伴音正常、图像不良”的故障

这种故障类型可细分为以下六种情况：伴音正常、黑屏；伴音正常、有背光、无图像；伴音正常、图像有干扰；伴音正常、图像偏暗、调节亮度无效；伴音正常、图像偏色；伴音正常、图像出现花屏或白屏。

1）“伴音正常、黑屏”的故障

图4-3所示为等离子、液晶电视机“伴音正常、黑屏”故障的典型表现。

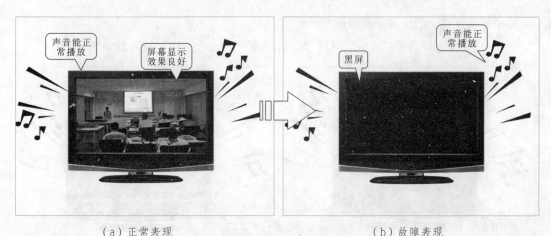

（a）正常表现　　　　　　　　　　（b）故障表现

图4-3“伴音正常、黑屏”的故障表现

这种故障主要表现为：接通等离子、液晶电视机电源后，开机正常，但屏幕未能点亮（无光栅），呈黑屏现象，但声音播放正常。

【要点提示】

等离子、液晶电视机声音播放正常，表明其开关电源、信号接收机音频信号处理等电路基本正常；屏幕不能点亮，对于液晶电视机来说多为背光灯驱动电路（即逆变器电路）不良或背光灯不良；对于等离子电视机来说多为显示屏供电或主电路板供电不良。

2）“伴音正常、有背光、无图像”的故障

图4-4所示为等离子、液晶电视机“伴音正常、有背光、无图像”故障的典型表现。

这种故障，主要表现为：接通等离子、液晶电视机电源后，开机正常，且屏幕能点亮（有光栅），声音播放也正常，但无任何图像显示。

【要点提示】

屏幕能点亮（白光栅），且伴音正常，说明前级信号正常，供电电路等公共电路基本正常，可能是图像信号输入或处理电路存在故障。

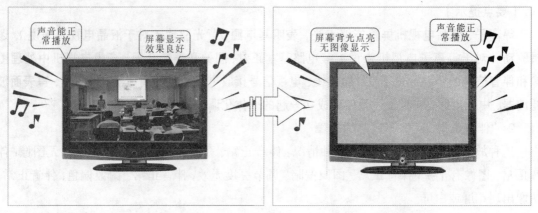

（a）正常表现 　　　　　　　　　　　　（b）故障表现

图4-4 "伴音正常、有背光、无图像"的故障表现

3）"伴音正常、图像有干扰"的故障

图4-5所示为等离子、液晶电视机"伴音正常、图像有干扰"故障的典型表现。

（a）故障表现1 　　　　　　　　　　　　（b）故障表现2

图4-5 "伴音正常、图像有干扰"的故障表现

这种故障主要表现为：接通等离子、液晶电视机电源后，开机正常，声音播放正常，但图像显示异常。这里所说的图像显示异常，主要指两种情况，其一是有时图像上有扭曲状或网纹干扰；其二是图像呈条纹干扰字符显示正常。

【要点提示】

等离子、液晶电视机开机正常、伴音正常，则表明其公共电路部分基本正常，应对图像信号处理通道进行重点排查。

4）"伴音正常、图像偏暗、调节亮度无效"的故障

图4-6所示为等离子、液晶电视机"伴音正常、图像偏暗、调节亮度无效"故障的典

型表现。

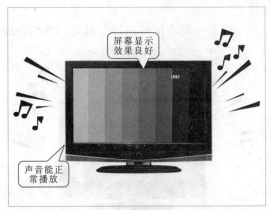

（a）正常表现　　　　　　　　　　（b）故障表现

图4-6"伴音正常、图像偏暗、调节亮度无效"的故障表现

这种故障主要表现为：接通等离子、液晶电视机电源后，开机正常，声音播放正常，图像显示基本正常，只是图像亮度偏暗，调整电视机亮度参数没有效果。

【要点提示】

伴音正常，只是图像亮度偏暗，可能是背光灯老化或驱动电路、数字信号处理电路、系统控制电路某一处不良引起的。

5）"伴音正常、图像偏色"的故障

图4-7所示为等离子、液晶电视机"伴音正常、图像偏色"故障的典型表现。

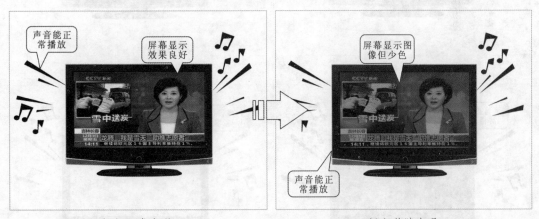

（a）正常表现　　　　　　　　　　（b）故障表现

图4-7"伴音正常、图像偏色"的故障表现

这种故障主要表现为：接通等离子、液晶电视机电源后，开机正常，声音播放正常，有图像显示，但图像颜色不正。图像偏色分为两种情况：一种是缺少或偏重某种颜色、一种是图像颜色异常。

【要点提示】

等离子、液晶电视机开机正常、伴音正常，表明开关电源电路、系统控制电路、信号接收

及音频信号处理通道正常，图像偏色应重点对图像三基色信号处理和色度信号通道进行检查。

6）"伴音正常、屏幕出现花屏或白屏"的故障

图 4-8 所示为等离子、液晶电视机"伴音正常、屏幕出现花屏或白屏"故障的典型表现。

（a）花屏故障表现 1　　　　　　　　　（b）花屏故障表现 2

（c）花屏故障表现 3　　　　　　　　　（d）花屏故障表现 4

（e）白屏故障表现 1　　　　　　　　　（f）白屏故障表现 2

图 4-8　等离子、液晶电视机"伴音正常、屏幕出现花屏或白屏"的故障表现

　　这种故障主要表现为：接通等离子、液晶电视机电源后，开机正常，声音播放正常，图像异常，出现白屏或花屏现象。从图中可见，花屏故障有四种典型表现，白屏故障有两种典型表现。

【要点提示】

等离子、液晶电视机出现花屏或白屏故障，多是显示屏的驱动电压异常引起的。检修时可先换屏线，若无效，再对显示屏驱动板中供电单元中相关元件进行检测。

3."伴音正常、显示屏本身异常"的故障

这种故障类型可细分为两种情况：伴音正常、屏幕有亮带或暗线；伴音正常，屏幕上有裂痕、漏光、亮点等。

1)"伴音正常、屏幕有亮带或暗线"的故障

图 4-9 所示为等离子、液晶电视机"伴音正常、屏幕有亮带或暗线"故障的典型表现。

（a）故障表现 1

（b）故障表现 2

（c）故障表现 3

（d）故障表现 4

图 4-9 "伴音正常、屏幕有亮带或暗线"的故障表现

这种故障主要表现为：接通等离子、液晶电视机电源后，开机正常，声音播放正常，图像能够显示，但屏幕上有明显亮带或暗线，且出现亮线或暗带的位置并不随画面的变化而发生改变。

【要点提示】

等离子、液晶电视机有伴音、有图像，表明其基本信号输入、信号处理电路正常，屏幕上的亮带或暗线多是显示屏的故障。

2）"伴音正常，屏幕上有裂痕、漏光、亮点等"的故障

图4-10所示为等离子、液晶电视机"伴音正常，屏幕上有裂痕、漏光、亮点等"故障的典型表现。

（a）正常表现 （b）故障表现

图4-10 "伴音正常，屏幕上有裂痕、漏光、亮点等"的故障表现

这种故障主要表现为：接通等离子、液晶电视机电源后，开机正常，声音播放正常，但屏幕出现漏光或碎裂状、亮点、污点、漏光等现象，严重时会导致无法正常显示图像。

【要点提示】

等离子、液晶电视机屏幕本身异常，多是因显示屏质量有问题或受外力撞击等导致显示屏损坏。出现该类故障一般是更换显示屏。

4. "图像正常、伴音不良"的故障

这种故障类型可细分为两种情况：图像正常、无伴音；图像正常、某一侧扬声器无声。

1）"图像正常、无伴音"的故障

图4-11所示为等离子、液晶电视机"图像正常、无伴音"故障的典型表现。

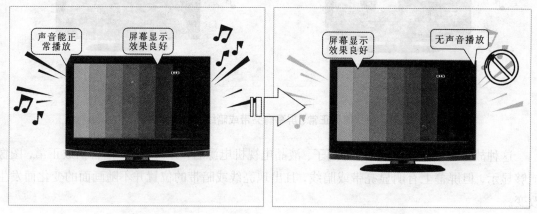

（a）正常表现 （b）故障表现

图4-11 "图像正常、无伴音"的故障表现

这种故障主要表现为：接通等离子、液晶电视机电源后，开机正常，图像显示一切正常，

但听不到任何声音。

【要点提示】

电视机开机正常、图像正常表明其开关电源电路、控制电路、图像信号处理通道均正常，无伴音应检查音频信号处理通道，主要包括音频信号处理集成电路、音频功率放大器、扬声器、信号输入接口、音频信号切换开关等。

2)"图像正常、某一侧喇叭无声"的故障

图 4-12 所示为等离子、液晶电视机"图像正常、某一侧喇叭无声"故障的典型表现。

（a）正常表现　　　　　　　　　　（b）故障表现

图 4-12 "图像正常、某一侧喇叭无声"的故障表现

这种故障主要表现为：接通等离子、液晶电视机电源后，开机正常，图像显示一切正常，但其中一侧的扬声器无声，而另一侧扬声器播放基本正常。

【要点提示】

电视机开机正常、图像正常，表明其开关电源电路、控制电路、图像信号处理通道均正常，某一声道无声音，多为该声道信号处理电路中存在故障元件，应重点检查扬声器、耦合电容、音频功率放大器等。

5."部分功能失常"的故障

这类故障可以细分为以下三种情况：按键无作用，每次开机音量均为最大；通电后，不按开关键即出现背光（白屏）；无台，自动搜台时频道跳过的速度很快。

1)"按键无作用，每次开机音量均为最大"的故障

图 4-13 所示为等离子、液晶电视机"按键无作用，每次开机音量均为最大"故障的典型表现。

这种故障主要表现为：接通等离子、液晶电视机电源后，可正常开机，但开机时音量为最大状态，调整音量按键时不起作用。

【要点提示】

调整按键不起作用，表明无法将键控信号送至微处理器上，多是由操作按键电路板和数字信号处理电路板（按键信号传输线路和微处理器）不良引起的。

2)"通电后，不按开关键即出现背光（白屏）"的故障

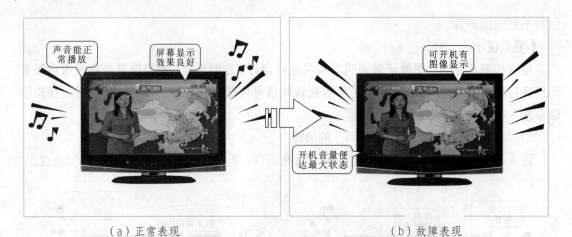

（a）正常表现　　　　　　　　　　　　　　（b）故障表现

图 4-13 "按键无作用，每次开机音量均为最大"的故障表现

图 4-14 所示为等离子、液晶电视机"通电后，不按开关按键即出现背光（白屏）"故障的典型表现。

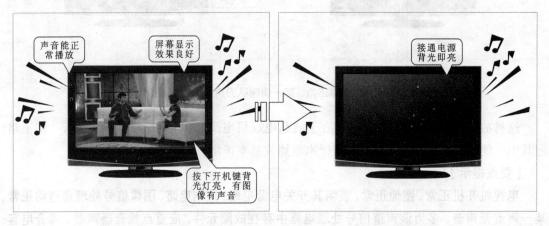

（a）正常表现　　　　　　　　　　　　　　（b）故障表现

图 4-14 "通电后，不按开关按键即出现背光（白屏）"的故障表现

这种故障主要表现为：接通等离子、液晶电视机电源后，未按动开机键背光即被点亮，处于白屏状态；按动开机键后，图像可正常显示，其他功能也正常。

【要点提示】

按动开机键后声、像正常，表明电路中信号处理电路基本正常，应重点对背光驱动电路（即逆变器）的控制部分或微处理器进行检查。

3）"无台，自动搜台时频道跳过的速度很快"的故障

图 4-15 所示为等离子、液晶电视机"无台，自动搜台时频道跳过的速度很快"故障的典型表现。

这种故障主要表现为：接通等离子、液晶电视机电源后，开机启动正常，但无节目，进行自动搜台时，频道变换过快，搜不到节目。

【要点提示】

开机正常，表明电视机开关电源电路、控制电路、逆变器电路及显示屏本身均正常，不能搜台应重点检查调谐器及调谐器控制信号等部分。

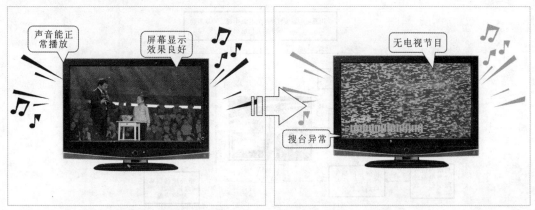

（a）正常表现　　　　　　　　　　　（b）故障表现

图 4-15 "无台，自动搜台时频道跳过的速度很快"的故障表现

4.1.2 等离子、液晶电视机的检修方案

1. "图像、伴音均不良"故障的检修方案

1）"无图像、无伴音、指示灯不亮"故障的检修方案

当等离子、液晶电视机出现"无图像、无伴音、指示灯不亮"的故障时，开关电源电路不良和微处理器不良是导致故障最为常见的两个原因，需认真检查。

图 4-16 所示为等离子、液晶电视机"无图像、无伴音、指示灯不亮"故障的基本检修方案。

【信息扩展】

在检修等离子、液晶电视机开关电源部分时应注意，电源输出电压一定应满足标准电压值。如果不能满足，即使只比正常电压低 0.2 V，也可能引起故障。

另外，在维修等离子、液晶电视机时，不要盲目地开盖维修。对于某些故障，可首先进入工厂菜单，恢复出厂时的数据，排除由于数据错乱引起的故障。若仍不能解决问题，再开盖维修。这样做缩短维修时间，提高检修效率。

2）"无图像、无伴音、指示灯亮"故障的检修方案

当等离子、液晶电视机出现"无图像、无伴音、指示灯亮"的故障时，首先应排除节目发射的因素，然后，重点对天线、电视信号接收电路（即调谐器、中频电路部分，或一体化调谐器）进行检查。

图 4-17 所示为等离子、液晶电视机"无图像、无伴音、指示灯亮"故障的基本检修方案。

【信息扩展】

若等离子、液晶电视机开机出现无图像、无声音，电源灯闪一下变成常亮（绿灯），屏幕在开机瞬间闪一下白光，此故障多为背光驱动电路板损坏，开机后引起电源保护。

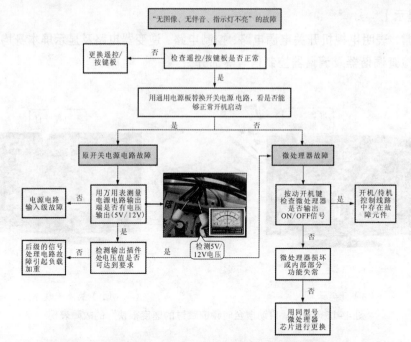

图 4-16 "无图像、无伴音、指示灯不亮"故障的检修方案

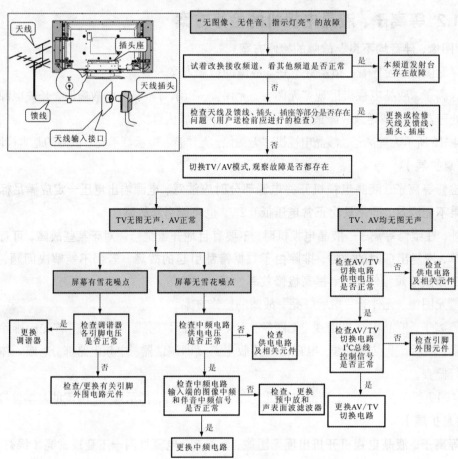

图 4-17 "无图像、无伴音、指示灯亮"故障的检修方案

2．"伴音正常、图像不良"故障的检修方案

1)"伴音正常、黑屏"故障的检修方案

当等离子、液晶电视机出现"伴音正常、黑屏"的故障时，应重点检查显示屏供电电路。对于液晶电视机来说，可先分辨是无图像、无背光，还是有图像、无背光；对于等离子电视机来说，应对显示屏供电电路及相关元件进行检查。

图 4-18 所示为等离子、液晶电视机"伴音正常、黑屏"故障的基本检修方案。

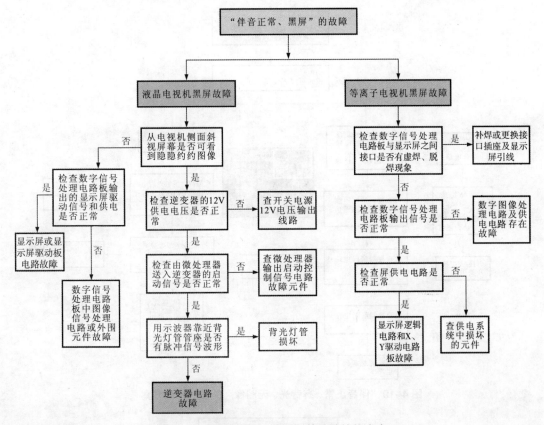

图 4-18 "伴音正常、黑屏"故障的检修方案

【要点提示】

需要注意的是，液晶电视机显示屏背光灯损坏时一般不会多根同时损坏，但即使一根灯管损坏也会引起黑屏。但这种情况下的黑屏故障会有些不同，开机后显示屏会出现闪烁一下再变成黑屏的现象。这是由于当一根灯管损坏时，会导致逆变器电路因负载不平衡而保护，变为黑屏。

2)"伴音正常、有背光、无图像"故障的检修方案

当等离子、液晶电视机出现"伴音正常、有背光、无图像"的故障时，以图像信号输入和处理电路存在故障较为常见，应重点对视频解码电路、数字图像处理电路进行检查。

图 4-19 所示为等离子、液晶电视机"伴音正常、有背光、无图像"故障的基本检修方案。

3)"伴音正常、图像有干扰"故障的检修方案

当等离子、液晶电视机出现"伴音正常、图像有干扰"的故障时，重点对电路中图像信

号处理电路及相关电路进行检修，如视频解码电路、数字图像处理电路、图像存储器等。

图4-20所示为等离子、液晶电视机"伴音正常、图像有干扰"故障的基本检修方案。

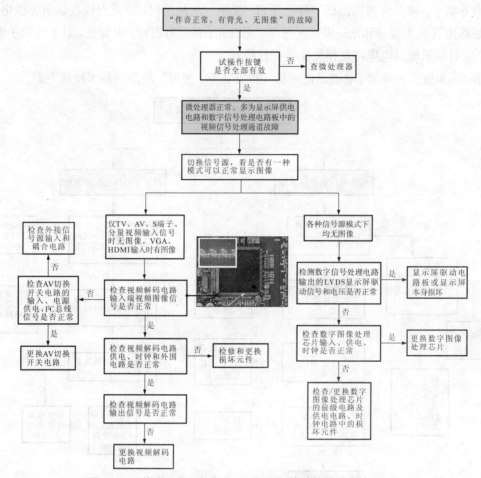

图4-19 "伴音正常、有背光、无图像"故障的检修方案

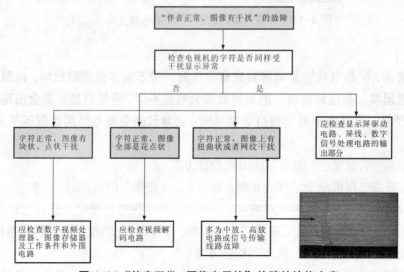

图4-20 "伴音正常、图像有干扰"故障的检修方案

4）"伴音正常、图像偏暗，调节亮度无效"故障的检修方案

当等离子、液晶电视机出现"伴音正常、图像偏暗，调节亮度无效"的故障时，以背光灯老化、系统控制部分控制功能失效较为常见。

图4-21所示为等离子、液晶电视机"伴音正常、图像偏暗，调节亮度无效"故障的基本检修方案。

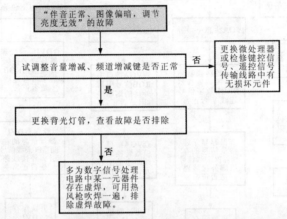

图4-21 "伴音正常、图像偏暗，调节亮度无效"故障的检修方案

5）"伴音正常、图像偏色"故障的检修方案

当等离子、液晶电视机出现"伴音正常、图像偏色"的故障时，首先要测试是否在各种信号源模式下均会出现偏色故障，然后，重点对信号传输线路中元件、视频解码芯片、用户存储器（EEPROM）、模数转换器等进行检查。

图4-22所示为等离子、液晶电视机"伴音正常、图像偏色"故障的基本检修方案。

【信息扩展】

用户存储器（EEPROM，可改写存储器）通常位于微处理器旁边，常见型号有24C16R、24C32R、24C64R几种，用于存储用户数据，如亮度、音量、频道等信息。用户存储器与微处理器之间通过I2C总线进行连接。

6）"伴音正常、屏幕出现花屏或白屏"故障的检修方案

当等离子、液晶电视机"伴音正常、屏幕出现花屏或白屏"的故障时，重点对显示屏屏线、屏供电电路（如主电路板上5V转3V稳压器）、屏驱动电路板供电部分的保险电阻、DC-DC转换电路等进行检查。

图4-23所示为等离子、液晶电视机"伴音正常、屏幕出现花屏或白屏"故障的基本检修方案。

【信息扩展】

在等离子电视机中，Y驱动电路故障也会导致花屏，满屏彩点故障，另外，X驱动电路板是等离子电视机中的易损组件，当其损坏时表现为开机保护和亮度暗。

3."伴音正常、显示屏本身异常"故障的检修方案

1）"伴音正常、屏幕有亮带或暗线"故障的检修方案

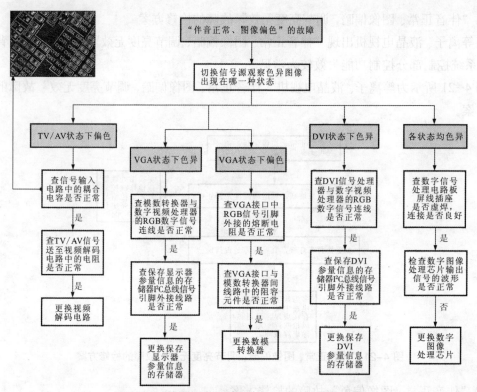

图4-22 "伴音正常、图像偏色"故障的检修方案

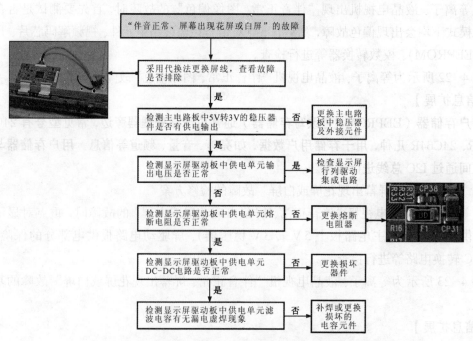

图4-23 "伴音正常、屏幕出现花屏或白屏"故障的检修方案

当等离子、液晶电视机出现"伴音正常、屏幕有亮带或暗线"的故障时,重点对液晶屏排线、X(行)和Y(列)驱动集成电路及显示屏本身进行检查。

图4-24所示为等离子、液晶电视机"伴音正常、屏幕有亮带或暗线"故障的基本检修方案。

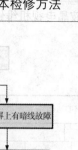
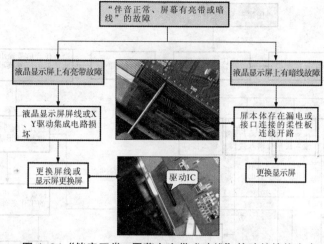

图4-24 "伴音正常、屏幕有亮带或暗线"故障的检修方案

2)"伴音正常、屏幕上有裂痕、漏光、亮点等"故障的检修方案

当等离子、液晶电视机出现"伴音正常、屏幕上有裂痕、漏光、亮点等"的故障时，可先仔细了解具体故障表现，确认是电路故障还是显示屏本身故障。

图4-25所示为等离子、液晶电视机"伴音正常、屏幕上有裂痕、漏光、亮点等"故障的基本检修方案。

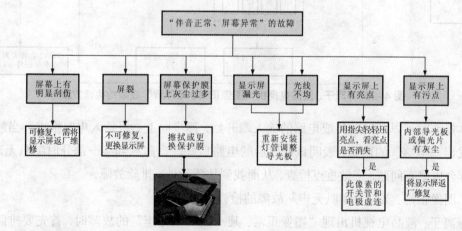

图4-25 等离子、液晶电视机"伴音正常、屏幕上有裂痕、漏光、亮点等"故障的检修方案

4."图像正常、伴音不良"故障的检修方案

1)"图像正常、无伴音"故障的检修方案

当等离子、液晶电视机出现"图像正常、无伴音"的故障时，以音频信号输入和处理电路存在故障较为常见，应按信号流程仔细检查。

图4-26所示为等离子、液晶电视机"图像正常、无伴音"故障的基本检修方案。

【要点提示】

检修音频信号处理通道时，可采用干扰法辨别故障部位，即通过触碰被测电路的输入脚，人为外加干扰信号查看喇叭是否有反映。

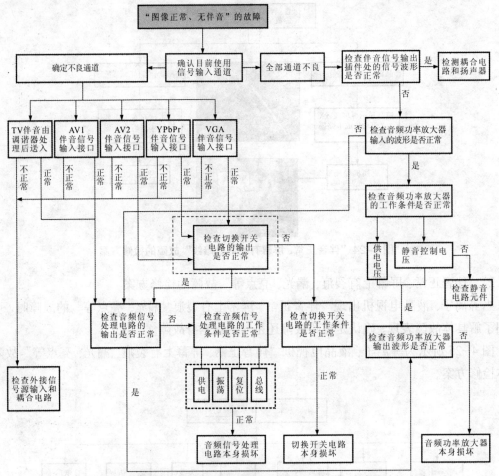

图 4-26 等离子、液晶电视机"图像正常、无伴音"故障的检修方案

具体操作时可以从功放集成电路的输入端开始，逐步向上一级输入电路推进。当触碰时若喇叭发出"喀喀"的声音，表明该级以后的电路良好。当碰触到某一部分时喇叭无声，则说明此部分电路有问题，应做重点检查，从而找到故障元件，排除故障。

2）"图像正常、某一侧喇叭无声"故障的检修方案

当等离子、液晶电视机出现"图像正常、某一侧喇叭无声"的故障时，首先要排除电视机声道设置不当的因素，然后，重点对无声音输出一路的相关元件（即无声输出的扬声器、前级耦合电容、功率放大器输入、输出及引脚外围元件等）进行检查。

图 4-27 所示为等离子、液晶电视机"图像正常、某一侧喇叭无声"故障的基本检修方案。

5."部分功能失常"故障的检修方案

1）"按键无作用，每次开机音量均为最大"故障的检修方案

当等离子、液晶电视机出现"按键无作用，每次开机音量均为最大"的故障时，以操作按键电路和键控信号传输线路故障较为常见，应按信号流程仔细检查。

图 4-28 所示为等离子、液晶电视机"按键无作用，每次开机音量均为最大"故障的基本检修方案。

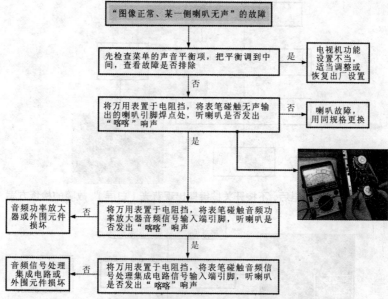

图 4-27 "图像正常、某一侧喇叭无声" 故障的检修方案

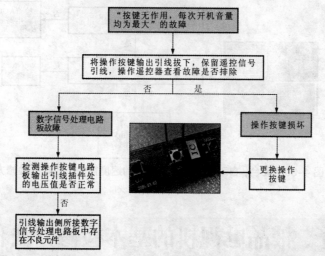

图 4-28 "按键无作用，每次开机音量均为最大" 故障的检修方案

2）"通电后，不按开关按键即出现背光（白屏）"故障的检修方案

当等离子、液晶电视机"通电后，不按开关按键即出现背光（白屏）"的故障时，以背光驱动电路（即逆变器）的控制信号异常较为常见，应重点检查。

图 4-29 所示为等离子、液晶电视机"通电后，不按开关按键即出现背光（白屏）"故障的基本检修方案。

3）"无台，自动搜台时频道跳过的速度很快"故障的检修方案

当等离子、液晶电视机出现"无台，自动搜台时频道跳过的速度很快"的故障时，调谐器故障和调谐控制信号失常是最为常见的两个原因，需认真检查。

图 4-30 所示为等离子、液晶电视机"无台，自动搜台时频道跳过的速度很快"故障的基本检修方案。

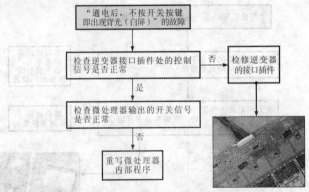

图4-29 "通电后，不按开关按键即出现背光（白屏）"故障的检修方案

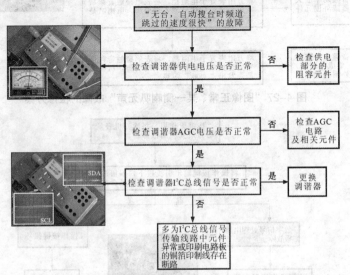

图4-30 "无台，自动搜台时频道跳过的速度很快"故障的检修方案

4.2 等离子、液晶电视机的基本检修方法和注意事项

4.2.1 等离子、液晶电视机的基本检修方法

在检修等离子、液晶电视机时，常用的基本检修方法有观察法、代换法、波形检查法、万用表检查法。

1. 观察法

观察法是指通过运用人体的视觉、嗅觉、听觉、触觉等功能直观地发现故障的方法。通过视觉可以观察到的故障主要有：电容鼓包、漏液或严重损坏；电阻、电容的引脚烧焦、脱焊、虚焊；芯片表面开裂；各插头、插座歪斜；开关烧焦、脱焊、虚焊；电路板上有异物或铜片脱落；各接插件连接不良、脱落等。图4-31所示为用视觉能够直接观察到的几种故障现象。

嗅觉发现故障主要是指当等离子、液晶电视机内的元器件或芯片烧坏时，会发出一种难

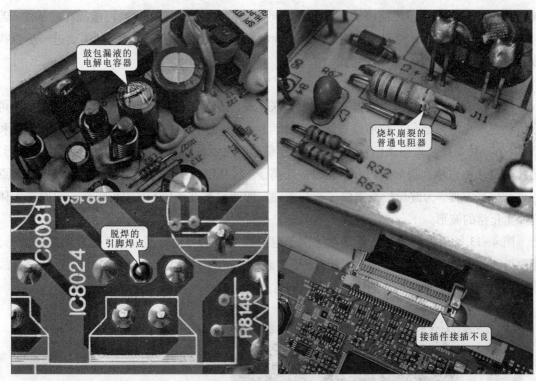

图 4-31 通过视觉能够直接观察到的几种故障现象

闻的焦煳气味。

　　听觉发现故障是指通电时，有些故障电视机内会发出异常的声音。

　　触觉发现故障是指通过手对电路板上的元器件等进行触摸，可以发现一些电子元器件温度过高、局部过热、温升过快以及松动、脱落等现象，从而为故障判断提供了第一手资料。图 4-32 所示为用手指触摸集成电路温度。用触摸法检查电路时应注意肢体不要触及有交流高压的部位。

　　2. 代换法

　　在等离子、液晶电视机的检修过程中，对于一些不便于检测的元器件可以使用代换法来

图 4-32 触摸 IC 表面是否过热

判断其性能是否良好。代换法就是用型号相同性能良好的元器件，代换可能损坏的部件，若通电后故障现象消失，说明先前的怀疑是正确的。若故障现象依旧存在，则需要进一步查找故障原因。

3. 波形检查法

波形检查法就是通过示波器直接观察有关电路的信号波形，并与正常波形相比较，即可分析和判断出故障部位。波形检查法一般分两种：一种是利用扫频仪观察信号的频率特性和增益；另一种是在注入彩条信号或接收电视台信号时用示波器观察电路各测试点的电压波形。无疑这是一种比较直观形象的方法。很多等离子、液晶电视机原理图上都标出了各关键测点的正常信号波形，为波形检查提供了有利条件。即使没有波形资料，也可根据一般原理大体推测出正常的波形。

图 4-33 所示为利用示波器观察等离子电视机视频信号输入端的 AV 视频信号的波形。将测得的波形与正常情况下的波形相对照，若波形不正常，则可初步判定 AV 视频接口有故障。通过使用万用表进一步的检查就可以确定故障元器件。

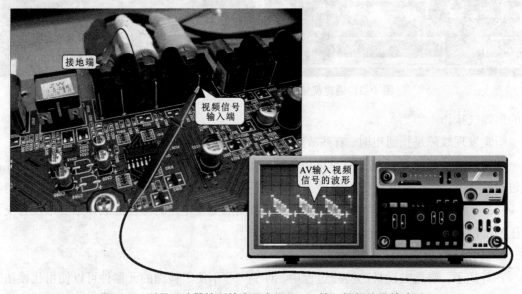

接地端

视频信号
输入端

AV输入视频
信号的波形

图 4-33 利用示波器检测等离子电视机 AV 输入视频信号的波形

数字等离子、液晶电视机中大量的使用功能强大、结构复杂的大规模集成电路，其引脚较多，且较细，在检测这类集成电路时，芯片的外围设有检测点，将示波器的探头直接接触该检测点即可。若芯片的外围没有设置检测点，可以将探头进行改制，将头部较细的针头等金属物固定于探头上，用针头与被测点接触，这样可以避免测量时碰触其他引脚引起短路，如图 4-34 所示。

4. 电压、电阻检查法

电压、电阻检查法又叫万用表检查法，主要是先在通电的状态下测量故障机各测试点的电压，或是在断电的情况下测量各元件的阻值，然后用测出值与标准值进行比较，以便判断是否出现故障。因为此方法条件要求不高，所以在检修中用得比较多。

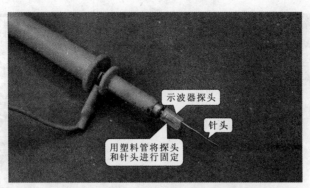

图 4-34 简单改制的示波器探头

1）电压检查法

电压测量法是在通电条件下，用万用表测量各关键点的电压，将测量结果与正常数据相比较，找出有差异的测试点，然后根据该部分电路的工作原理和信号流程一步一步进行检修，最终找到故障元器件，排除故障。图 4-35 所示为利用万用表检测滤波电容器正负极电压。

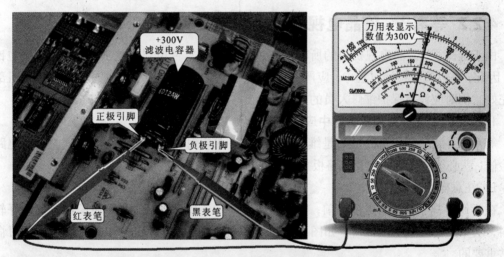

图 4-35 利用电压检查法检测滤波电容器正负极电压

2）电阻检查法

电阻测量法是在断电条件下，通过检测相关元器件的阻值大小来大致判断芯片或元器件的好坏，以及判断电路是否有严重短路和断路的情况。如用万用表的电阻挡测量电路板上电阻器的阻值，再用测量值与标称值相比较，若两值相差较大，则可初步断定该器件已经损坏，如图 4-36 所示。

可以用万用表的电阻挡来判断等离子、液晶电视机中的二极管的好坏。若测其反向电阻时万用表显示阻值为零，说明被测二极管出现严重短路故障；若万用表显示阻值为无穷大或接进无穷大，说明被测二极管正常。测二极管正向电阻时，万用表黑表笔接正极，红笔表接负极，正常情况应有几千欧姆的阻值，如果实测阻值为零或无穷大都属不正常。

利用电阻检查法还可以检测集成电路的好坏。由于集成电路为半导体材料制成的，在正常情况下，用万用表的电阻挡测量电路的正反向对地阻值，然后与标准值进行比较，就可以

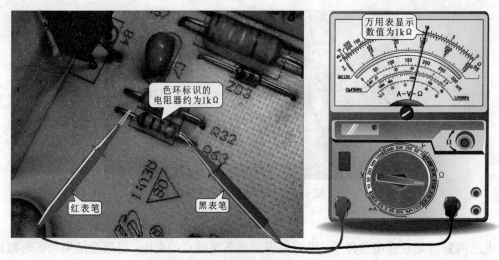

色环标识的
电阻器约为1kΩ

万用表显示
数值为1kΩ

红表笔

黑表笔

图 4-36 用电阻测量法测量电阻值

断定该集成电路是否损坏。

4.2.2 等离子、液晶电视机的检修注意事项

由于等离子、液晶电视机中的所有元器件比普通的彩色电视机更加精密，集成度也比较高，因此，在拆装和检测过程中，应严格按照操作步骤进行，以保护等离子、液晶电视机部件的完好。同时应注意保护维修人员的人身安全。

1. 等离子、液晶电视机拆卸中应注意的事项

等离子、液晶电视机的拆卸是维修的第一步，要想对等离子、液晶电视机内部的电路进行检修，就必须首先将外壳及电路板拆开。在拆卸时，应注意以下几点。

1）注意操作环境的安全

在拆卸等离子、液晶电视机前，首先需要对现场环境进行清理，并在操作台上垫好软质材料，以免划伤电视机液晶屏，如图 4-37 所示。在日常操作过程中养成良好的操作习惯是非常重要的。

2）拆卸之前要切断电源

在进行等离子、液晶电视机的拆卸时，要首先切断 220 V 供电电源，并在断电一段时间后再开始拆卸操作，以免造成触电的危险，如图 4-38 所示。

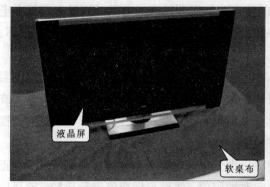

液晶屏

软桌布

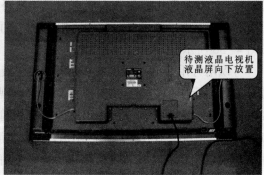

待测液晶电视机
液晶屏向下放置

图 4-37 创造良好的维修环境

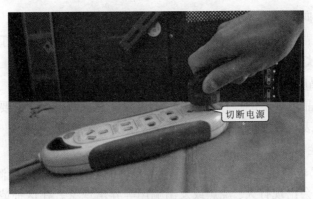

图 4-38 拆卸前应切断电源

3）拆装外壳时要注意保护内部的连接引线

拆卸等离子、液晶电视机的外壳，应先拧下外壳上的固定螺钉，再取下外壳。取下外壳时应注意首先将外壳轻轻提起一定缝隙，然后通过缝隙观察外壳与电路板之间是否连接有数据线缆。若有连接线缆，应先断开线缆再进行相应操作，如图 4-39 所示。

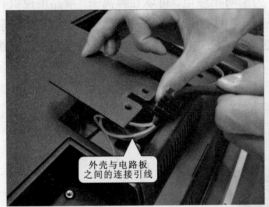

图 4-39 拆装外壳时要注意保护内部的连接引线

【要点提示】

进行上述拆卸操作或相似的操作时，都应遵循上述原则和注意事项，切忌盲目操作，扯断线缆，造成不必要的损失。

4）拆卸引线时要记清引线连接位置

等离子、液晶电视机内部的引线很多，在拆卸电路板前，首先整体观察所拆电路板与其他电路板之间是否有引线连接。若有，应及时记录各引线的位置及连接方向，以免在安装时连接错误。在实际检修中，有时不需要将引线全部拆卸，可根据维修需要进行规划，切忌盲目大拆大卸。

新手拆卸等离子、液晶电视机时，可详细记录下拆卸过程以便于依照正确的顺序和方法安装。

由于等离子、液晶电视机引线较细，在对接插件插拔操作时，一定要用手抓住插头后再将其插拔，且不可抓住引线直接拉拽，以免造成连接引线或接插件损坏。另外，插拔时还应注意接插件的插接方向。

在对液晶电视机背光灯部分进行拆卸时，由于背光灯是一种很细的灯管，需要小心谨慎，否则很容易导致背光灯管的破裂。

2. 等离子、液晶电视机检测中应注意的事项

在对等离子、液晶电视机的检修过程中，不仅要注意人身安全，也要注意设备（包括故障机及检修仪器和仪表）的安全，防止检修过程中出现二次故障。

1）注意人身安全

① 等离子、液晶电视机检修技术人员应具备良好的心理素质。在检测过程中，由于故障再现或操作不当可能会出现打火、烧焦或发出响声等异常现象。在这种情况下要保持冷静的心态，不能盲目地进行处理，应先断开故障机与市电的连接，再对打火、烧焦的部位进行处理。在处理过程中，特别要注意人身和设备安全。

② 在故障检修时，若需在通电的状态下进行检修，切忌用湿手触摸电路板上的元器件，也不可以用湿布擦拭主板上的灰尘，以免引起短路故障。

③ 由于等离子、液晶电视机的输入电源直接与 220 V/50 Hz 的交流电相连，在检修交流输入电路的过程中对人身安全有一定威胁。为了防止触电，可以在等离子、液晶电视机和 220 V 市电之间连接隔离变压器、隔离变压器是 1∶1 的交流变压器，其初级与次级绕组隔离，安装隔离变压器后通过交流磁场使次级输出 220 V 电压，这样被检测的电视机便与交流火线隔离开了，如图 4-40 所示。

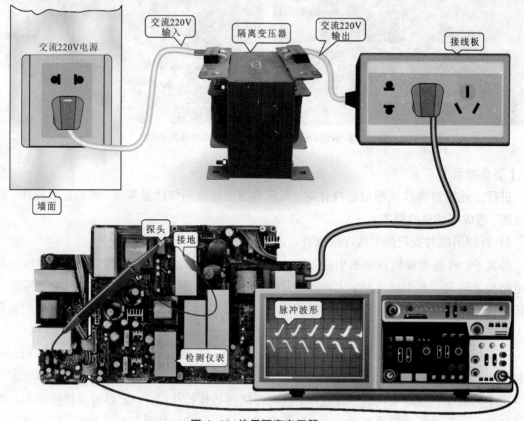

图 4-40 使用隔离变压器

④　通常与交流火线相连的部分被称之为"热区"，其中的地线为"热地"，不与交流220 V电源相连的部分被称之为"冷区"，其中的地线为"冷地"。等离子、液晶电视机中只有开关电源的交流输入和开关振荡部分属"热地"区域，如图4-41所示。在检修前应详细了解等离子、液晶电视机电路板上哪一部分带有交流220 V电压。

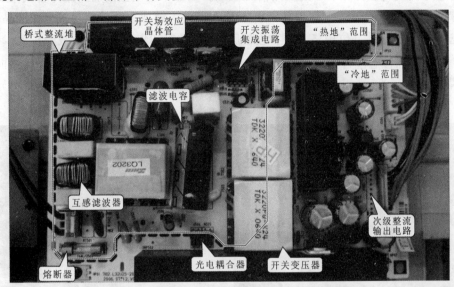

图4-41　等离子、液晶电视机的"冷""热"区域

在对电源部分进行检测时，检测设备接地端应接热地区域的接地端；同样，检测冷地区域的器件，检测设备接地端应接冷地的接地端。否则不仅会造成测量结果不准确，影响判断，还有可能烧坏测试元件。

⑤　在等离子、液晶电视机维修过程中，经常会使用到电烙铁、吸锡器等焊接工具。由于焊接工具是在通电的情况下使用并且温度很高，检修人员操作过程中应严格按照操作规程和使用方法正确操作，以防烫伤或火灾事故的发生。当电烙铁达到工作温度后，要右手握住电烙铁的握柄处，对需要焊接的部位进行焊接，如图4-42（a）所示。注意右手不要过于靠近烙铁头，以防烫伤手指。焊接工具使用完毕，要将电源切断，将电烙铁放到专用的电烙铁架上或不易燃的容器中，如图4-42（b）所示。以免因焊接工具温度过高而引起易燃物燃烧，引起火灾。

（a）右手握柄

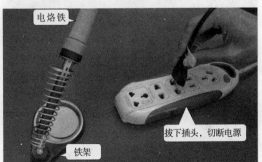

（b）切断电源

图4-42　电烙铁的使用规范

2）注意设备安全

设备安全是指在维修过程中，一定要注意防静电、正确接地等保护措施，防止出现二次故障和损坏检修设备。

① 避免测量时误操作引起的短路情况发生。如某一电压直接加到晶体管或集成电路的某些引脚，可能会将元器件击穿损坏。再如有人带着手链或手表检修等离子、液晶电视机，手链滑过电路造成某些部位短路，损坏电路板上的晶体管和集成电路，使故障扩大。

② 检测时需注意应首先将仪器仪表的接地端接地，如图4-43所示，避免测量时误操作引起短路的情况。若某一电压直接加到晶体管或集成电路的某些引脚上，可能会将元器件击穿损坏。

（a）将万用表接地　　　　　　　　　　（b）将示波器接地

图4-43 检测设备接地端接地

【要点提示】

在维修电视机的过程中不要佩戴金属饰品，例如金属手链、手表等。

【信息扩展】

由于等离子、液晶电视机电路板中的电子元器件大部分都是微型贴片元件，万用表表笔和示波器的探头相对微型贴片元件的引脚比较粗大，因此在检测时为了减小探头与贴片式元器件接触的面积，提高检测的安全性，可将缝衣针等固定在万用表表笔上或示波器探头上，如图4-44所示。

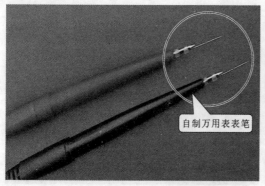

（a）将缝衣针固定在万用表表笔上　　　　（b）将缝衣针固定在示波器探头上

图4-44 万用表表笔与示波器探头的改制

③ 静电是影响维修质量的重要的因素。人身上通常带有静电，特别是穿化纤服装易产生高压静电。在拆装或维修等离子、液晶电视机时如不把身上的静电放掉，很可能导致等离子、液晶电视机电路板上的晶体管等器件击穿。为此，在维修前可将手接触金属接地物体，如暖气片等。若条件具备，也可使用专业防静电设备，如防静电手套或防静电护腕等，如图 4-45 所示。

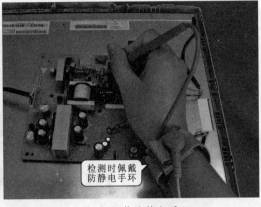

（a）佩戴防静电手套　　　　　　　　　　　（b）佩戴防静电手环

图 4-45　设备安全保护措施

第 5 章

等离子、液晶电视机电视信号接收电路的故障检修

5.1 等离子、液晶电视机电视信号接收电路的结构特点

等离子和液晶电视机的电视信号接收电路在功能和电路结构上基本上是相同的，只是不同生产品牌，不同机型的电视机所采用的芯片型号或电路组合方案有所不同。

5.1.1 等离子电视机电视信号接收电路的结构特点

图 5-1 所示为等离子电视机信号接收电路的功能框图。等离子电视机信号接收电路是将天线接收的射频信号通过调谐器对其进行高频放大、本振、混频后输出中频信号，经声表面波滤波器滤波后，送入中频处理芯片，在中频处理芯片内进行视频检波和伴音解调后，分别

输出音频信号、视频信号以及第二伴音信号。

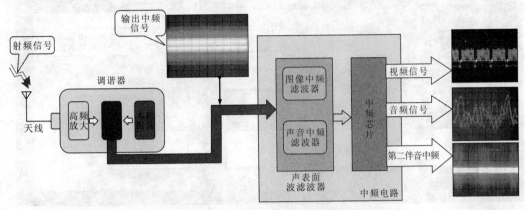

图5-1 等离子电视机信号接收电路的功能框图

在等离子电视机中信号接收电路器件的组合一般有两种，一种是由调谐器、声表面波滤波器、中频芯片等构成的，另一种是由一体化调谐器构成的，在一体化调谐器中包含了声表面波滤波器和中频芯片。

1. 由调谐器与声表面波滤波器、中频芯片构成的电视信号接收电路

图5-2所示为由调谐器与声表面波滤波器、中频芯片构成的信号接收电路，调谐器被安装在一个独立的屏蔽金属盒中，在其周围可以看到声表面波滤波器、中频芯片以及外围元器件等。

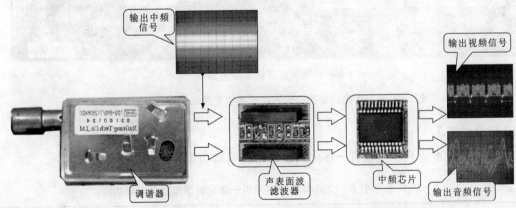

图5-2 由调谐器与声表面波滤波器、中频芯片构成的信号接收电路

2. 由一体化调谐器接构成的信号接收电路

图5-3所示为由一体化调谐器构成的信号接收电路的结构。由于调谐器处理的信号频率较高，所以一般安装在屏蔽性能良好的金属盒子中，在等离子电视机中比较容易找到。一体化调谐器是将原来独立的调谐器与中频电路集成在一个屏蔽金属盒子中。天线信号或有线电视的射频信号送入一体化调谐器电路，在一体化调谐器内部进行高频放大、混频、本机振荡等处理，由内部的中频电路进行视频检波和伴音解调后，由⑨脚输出第二伴音中频信号、⑩脚输出视频信号、⑫脚输出音频信号。

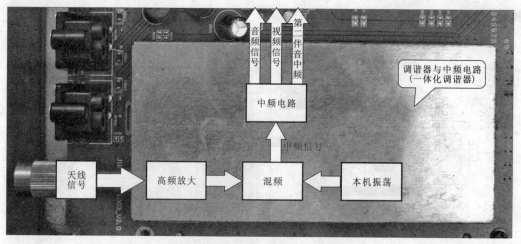

（a）一体化调谐器的外形和内部功能

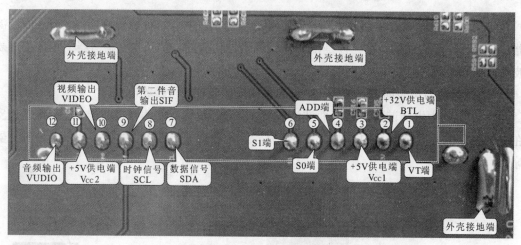

（b）一体化调谐器的背面引脚图

图 5-3 由一体化调谐器构成的信号接收电路结构（长虹 PT4206）

【信息扩展】

长虹 PT4206 等离子电视机一体化调谐电路各引脚功能见表 5-1 所列。

表 5-1 长虹 PT4206 等离子电视机一体化调谐电路各引脚功能

引脚号	名称	引脚功能	引脚号	名称	引脚功能
①	VT	自动增益控制	⑦	SCL	时钟信号
②	BTL	+32 V 供电端	⑧	SDA	数据信号
③	Vcc1	+5 V 供电端 Vcc1	⑨	SIF	第二伴音输出
④	ADD	ADD 端	⑩	VIDEO	视频输出
⑤	S0	S0 端	⑪	Vcc2	+5 V 供电端 Vcc2
⑥	S1	S1 端	⑫	VUDIO	音频输出

5.1.2 液晶电视机电视信号接收电路的结构特点

液晶电视机电视信号接收电路的功能主要是将天线接收的射频电视信号或经线缆接收的有线电视信号送到调谐器中，在调谐器中经高放、混频后输出中频信号，再经过预中放以及声表面波滤波器滤波后，送入中频信号处理电路以及音／视频切换开关中进行中放、视频检波和伴音解调处理，最后分别输出视频图像信号和伴音音频信号。图5-4所示为厦华LC-32U25型液晶电视机的电视信号接收电路。

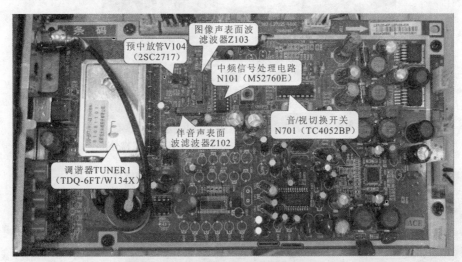

图5-4 厦华LC－32U25型液晶电视机的电视信号接收电路

由图可知，厦华LC-32U25型液晶电视机的电视信号接收电路主要是由调谐器TUNER1（TDQ-6FT/W134X）、预中放晶体管V104（2SC2717）、图像、伴音声表面波滤波器Z103（K7262D）、Z102（K7257）、中频信号处理电路N101（M52760E）和音／视频切换开关N701（TC4052BP）等组成的。

1. 调谐器 TUNER1（TDQ-6FT/W134X）

调谐器也称高频头，它的功能是从天线送来的高频电视信号中调谐选择出符合收视频道要求的电视信号，并在其内进行高频放大后与本机振荡信号混频，输出中频信号并经预中放送入声表面波滤波器中。其外形如图5-5所示。由于调谐器所处理的信号频率很高，为防止外界干扰，通常将它独立封装在屏蔽良好的金属盒子里，由引脚与外电路相连。外壳上的插孔用来接收天线信号或有线电视信号。

【信息扩展】

目前，在市场上流行的液晶电视机中，调谐器和中频信号处理电路的组合形式主要有两种：一种为调谐器和中频电路为两个单独的电路单元；另外一种为调谐器和中频电路集成在一起。集成为一体的电路形式称为一体化调谐器，如图5-6所示。虽然这两种电路的具体结构形式有所不同，但其功能是相同的。

2. 预中放晶体管 V104（2SC2717）和图像、伴音声表面波滤波器 Z102、Z103

电视信号接收电路中的预中放晶体管主要用于放大调谐器输出的中频信号，并将放大后的中频信号分别送入图像声表面波滤波器以及伴音声表面波滤波器中，用以滤除杂波和干扰，经滤波后的伴音中频信号和图像中频信号送入到中频信号处理电路中。预中放晶体管 V104、图像声表面波滤波器 Z103 和伴音声表面波滤波器 Z102 的外形如图 5-7 所示。

图 5-5 调谐器 TUNER1（TDQ-6FT/W134X）的实物外形

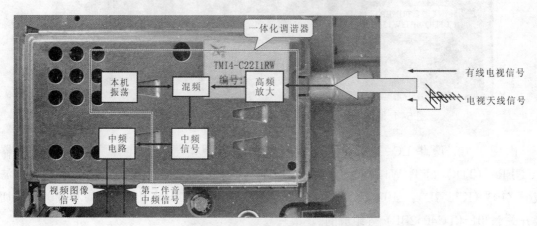

图 5-6 一体化调谐器的实物外形

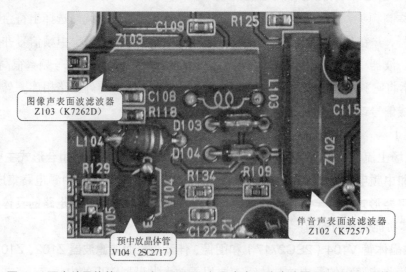

图 5-7 预中放晶体管 V104（2SC2717）和声表面波滤波器 Z102、Z103 的实物外形

3. 中频信号处理电路（M52760SP）

图 5-8 所示为中频信号处理电路（M52760SP）的实物外形及内部结构图。该电路主要用来处理来自预中放和声表面波滤波器的中频信号，首先对中频信号进行放大，然后再进行视频检波和伴音解调，将调制在载波上的视频图像信号提取出来，并将调制在第二伴音载频上的伴音信号解调出来。

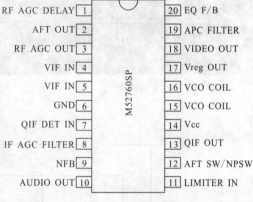

（a）实物外形　　　　　　　　　　（b）引脚功能

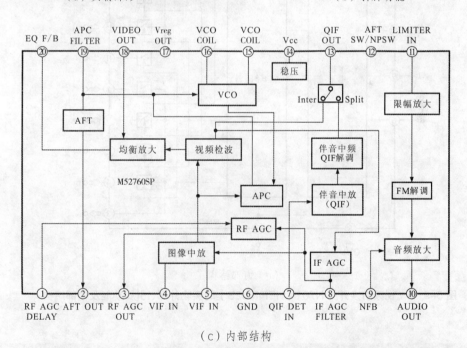

（c）内部结构

图 5-8　中频信号处理电路（M52760SP）的实物外形、引脚功能及内部结构

4. 音 / 视频切换开关 N701（HEF4052B）

音 / 视频切换开关 N701（HEF4052BP）是双 4 通道的模拟分配器，其实物外形、引脚功能及内部结构如图 5-9 所示。其主要功能是切换由前级电路送来的伴音中频和图像中频信号，并选择其中一路伴音中频和图像中频进行输出。

（a）实物外形

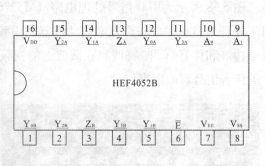

（b）引脚功能

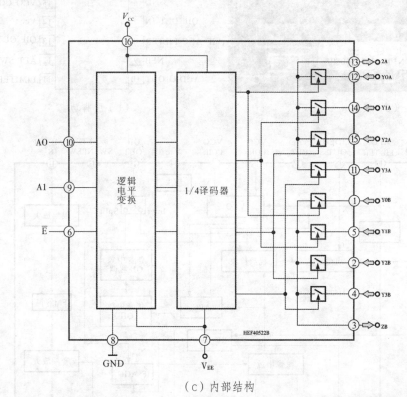

（c）内部结构

图 5-9　音 / 视频切换开关 N701（HEF4052B）的实物外形、引脚功能及内部结构

5.2　等离子、液晶电视机电视信号接收电路分析

5.2.1　等离子电视机电视信号接收电路分析

1. 康佳 PDP4618 型等离子电视机信号接收电路分析

康佳 PDP4618 型等离子电视机的电视信号接收电路是由调谐器电路和中频电路构成的。

调谐器电路的结构如图 5-10 所示，调谐器的主体制成一个独立的电路单元，微处理器通过 I2C 总线对它进行控制。射频信号通过天线插口送入，在调谐器内部经高放、本振和混频处理后输出中频信号送往中频信号处理电路。

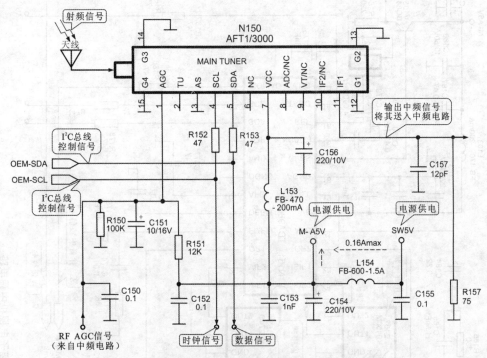

图 5-10 康佳 PDP4618 型等离子电视机的调谐器电路

调谐器 N150（AFT1/3000）有 15 个引脚，①脚为 AGC 端，用来进行自动增益控制（中频电路输出的 RF AGC 信号加到此脚，用以控制高频放大器的增益）；②脚、⑥脚、⑧脚、⑨脚、⑩脚为空脚；③脚、⑫脚、⑬脚、⑭脚、⑮脚为接地端；④脚、⑤脚分别为 I²C 总线数据信号与时钟信号输入端；⑦脚 Vcc 为供电端，为调谐器提供 +5V 电压；⑪脚为 IF1 端，用于中频信号的输出。

康佳 PDP4618 型等离子电视机的中频电路如图 5-11 所示。该电路用于对中频信号进行放大并完成视频检波和伴音解调的处理。

由调谐器⑪脚输出中频信号经过声表面波滤波器（伴音中频滤波器和图像中频滤波器）进行滤波后，将图像中频信号分别送入中频集成电路 N151 的①脚、②脚，将声音中频分别送入中频集成电路 N151 的㉓脚、㉔脚。这两组信号在中频集成电路 N151 中分别进行放大和解调处理。由中频集成电路 N151 的⑰脚输出视频信号，由⑫脚输出第二伴音中频信号。中频集成电路 N151 的工作受微处理器的 I²C 总线信号的控制，I²C 总线的数据信号和时钟信号分别从中频集成电路的⑩脚和⑪脚输入／输出。中频集成电路 N151 的⑭脚输出 RF AGC 信号到调谐器 N150 的①脚。

2. TCL PDP42U3H 型等离子电视机信号接收电路分析

如图 5-12 所示为 TCL PDP42U3H 型等离子电视机的电视信号接收电路。该电路是由一体化调谐器以及外围元器件构成的。一体化调谐器是由中频电路与调谐器电路集而成的。

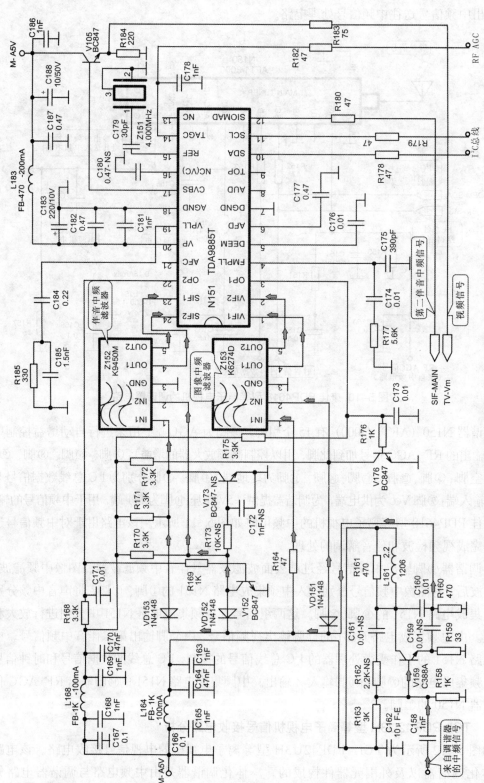

图 5-11 康佳 PDP4618 型等离子电视机中频电路

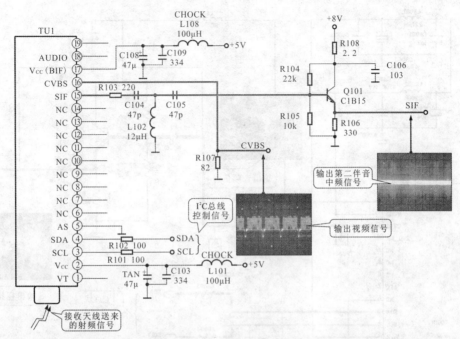

图 5-12 TCL PDP42U3H 型等离子电视机信号接收电路

由图可知，一体化调谐器 TU1 有 19 个引脚，①脚为 VT 端（空），②脚为 V_{cc} 供电端，为调谐器提供 +5 V 电压；③脚与④脚为 I2C 总线数据信号与时钟信号控制端；⑤脚为接地端；⑥脚～⑭脚为空脚；⑮脚为第二伴音中频信号 SIF 输出端；⑯脚为视频信号输出端；⑰脚供电端；⑱脚为音频信号 AUDIO 输出端，在该调谐器中该引脚为空脚；⑲脚为空脚。

当一体化调谐器 TU1 接收到天线送来的射频信号后，对其进行放大、混频后经内部的中频电路对其进行视频检波和伴音解调，最终由⑮脚输出第二伴音中频信号 SIF，由⑯脚输出视频图像信号 CVBS，并将其分别送入后级电路中。

3. 创维 8PR6 型等离子电视机信号接收电路分析

图 5-13 所示为创维 8PR6 型等离子电视机信号接收电路。创维 8PR6 型等离子电视机的电视信号接收电路是由一体化调谐器以及外围元器件构成的。

创维 8PR6 机一体化调谐器 T6001 有 14 个引脚，其中④脚与⑤脚为 I2C 总线控制信号，用来接收微处理器的数据信号与时钟信号；⑥脚为接地端；③脚与⑬脚为电源供电端；⑫脚为视频信号 CVBS 输出端，由该脚输出的视频信号，经晶体管 Q1 将视频信号送入后级电路中；⑭脚为音频信号 AUDIO 输出端；①脚、⑧脚、⑨脚和⑩脚为空脚。

当一体化调谐器 T6001 接收到天线送来的射频信号后，对其进行放大、混频后经内部的中频电路对其进行视频检波和伴音解调，由⑫脚将视频信号 CVBS 输出，经晶体管 Q1 送入后级电路中，⑭脚为音频信号 AUDIO 输出端。

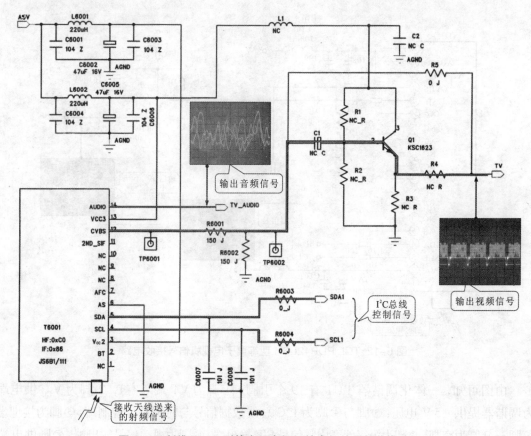

图 5-13 创维 8PR6 型等离子电视机的电视信号接收电路

5.2.2 液晶电视机电视信号接收电路分析

1. 厦华 LC-32U25 型液晶电视机电视信号接收电路分析

图 5-14 所示为厦华 LC-32U25 型液晶电视机的电视信号接收电路。该电视信号接收电路大体可以划分为 3 个部分，即调谐器电路、预中放及声表面波滤波器电路、中频信号处理及音／视频切换电路。下面对这几部分电路的工作原理分别进行介绍。

1）调谐器电路

图 5-15 所示为调谐器电路部分的工作原理。天线将接收到的射频信号送入调谐器并经内部处理后，由⑪脚输出中频信号，送往后级电路中；调谐器的⑦脚为 +5 V 的供电端；④、⑤脚为 I^2C 总线控制端，该调谐器通过 I2C 总线受微处理器控制；调谐器的⑨脚为 BT 端，是频道微调电压的输入端，该端在频道调谐搜索时应有 0～30 V 的电压。

2）预中放及声表面波滤波器电路

预中放及声表面波滤波器电路主要用来对中频信号进行放大，并分别将图像中频信号和伴音中频信号分离出来。图 5-16 所示为预中放及声表面波滤波器电路的工作原理。

由图可知，由调谐器送来的中频信号经 C120 耦合到 V104 的基极，V104 对中频信号进行放大以弥补信号在传输中的衰减。放大后的中频信号分别送入图像声表面波滤波器 Z103 的①脚和伴音声表面波滤波器 Z102 的①脚中进行处理。图像声表面波滤波器 Z103 对中频信

号进行滤除杂波和干扰后，由④、⑤脚输出图像中频信号；伴音声表面波滤波器 Z102 对中频

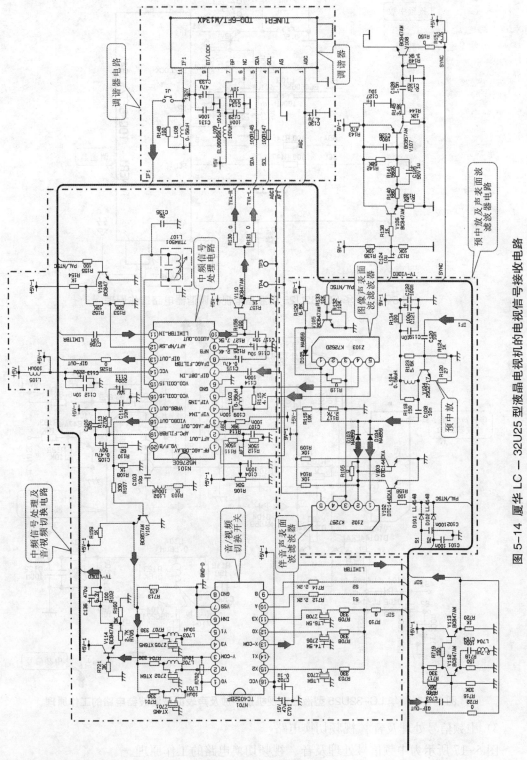

图 5-14 厦华 LC－32U25 型液晶电视机的电视信号接收电路

信号进行滤除杂波和干扰后，由⑤脚输出伴音中频信号。

当电视机选用不同制式（PAL/NTSC）时，二极管 D103 和 D104 的导通状态也不相同。

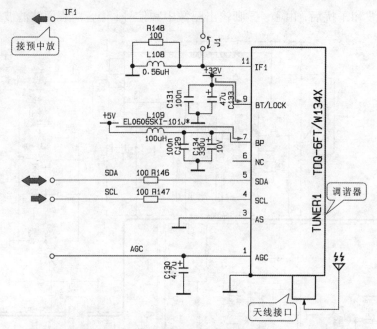

图 5-15 厦华 LC-32U25 型液晶电视机调谐器电路工作原理

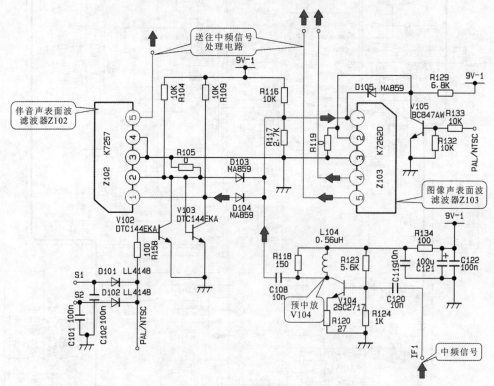

图 5-16 厦华 LC-32U25 型液晶电视机预中放及声表面波滤波器电路的工作原理

3）中频信号处理及音／视频切换电路

图 5-17 所示为中频信号处理及音／视频切换电路的工作原理。

图像中频信号送往中频信号处理电路 N101 的④脚和⑤脚,在 N101 内部信号经图像中放、视频检波以及均衡放大等电路处理后,由⑱脚输出全电视信号（TV-VIDEO）。该信号经带陷波电路，将全电视信号中的第二伴音中频信号去除，并提取出视频图像信号送入音／视频切换开关 N701 中进行选频，再由③脚输出视频图像信号送往后级电路中。

同时，伴音中频信号送往中频信号处理电路 N101 的⑦脚。在 N101 中信号经伴音中放、伴音中频解调处理后，由⑬脚输出音频信号。该信号经放大电路（V112 和 V113）后，送入带通滤波电路中提取音频信号，送往音／视频切换开关 N701 中进行选频，选频后由音／视频切换开关的⑬脚输出第二伴音中频信号。

第二伴音中频信号，再经 N101 的⑪脚送回到中频信号处理电路中，经限幅放大、FM 解调以及音频放大后，由⑩脚输出音频信号，送往后级音频信号处理电路中。

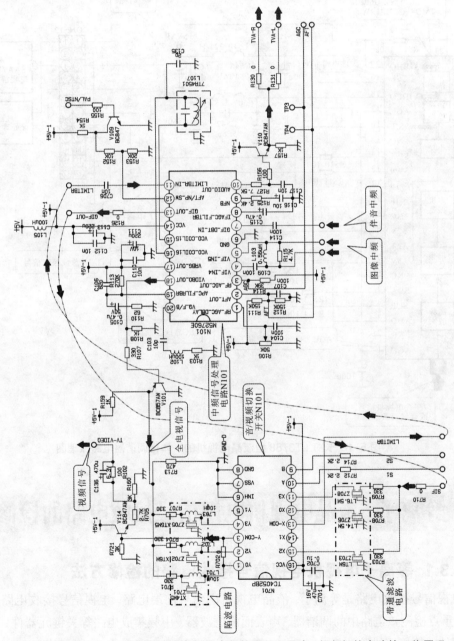

图 5-17　厦华 LC-32U25 型液晶电视机中频信号处理及音／视频切换电路的工作原理

2. 长虹LT3788型液晶电视机电视信号接收电路分析

图5-18所示为长虹LT3788型液晶电视机的一体化调谐电路。由图可以看出，天线接收的高频电视信号或由线缆传输的有线、数字信号送入到一体化调谐器U602（TMD4-C22IP1RW）中。该调谐器集成了调谐和中频两个电路功能，送来的信号经其内部高频放大、调谐、变频等处理后，从U602的⑱脚输出复合视频信号（CVBS信号），经接口JP504的③脚送到视频解码电路U401的㉛脚进行视频处理。从U602的⑯脚输出第二伴音中频信号和从⑳脚输出的音频信号，分别经JP504的⑤脚和①脚送至后级处理电路中。

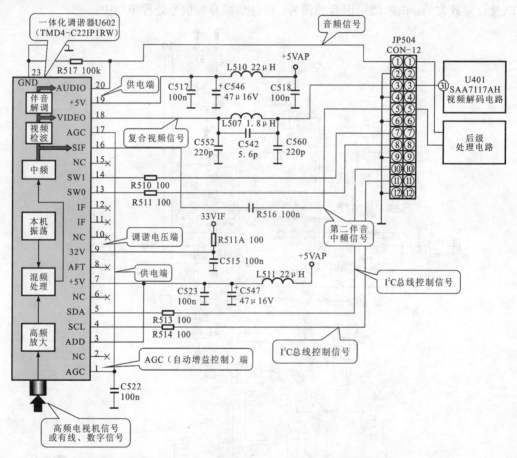

图5-18 长虹LT3788型液晶电视机的一体化调谐器电路原理图

5.3 等离子、液晶电视机电视信号接收电路的检修方法

5.3.1 等离子电视机电视信号接收电路的检修方法

电视信号接收电路是等离子、液晶电视机的信号前端电路，电视信号接收电路出现故障后，应重点检测该电路中的调谐器、声表面波滤波器、中频集成电路等关键元器件，通过对关键元器件的检修来排除故障。

下面以长虹 PT4206 型等离子电视机信号接收电路为例，详细介绍该电路的检修方法。

一体化调谐器出现故障会造成等离子电视机的伴音和图像均不正常，常见的故障现象有：图像有明显雪花杂波、伴音噪声大等。在对其进行检修时，应根据一体化调谐器各引脚的排列顺序明确各引脚功能，接下来对一体化调谐器的供电电压、I2C 总线控制信号以及输出的音／视频信号等进行检测。

1. 供电电压的检测

一体化调谐器 N901 的供电电压是调谐器正常工作的条件之一，使用万用表对该电压进行检测的方法如图 5-19 所示。

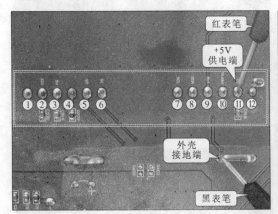

图 5-19 调谐器供电电压的检测方法

将黑表笔接地，红表笔分别搭接在一体化调谐器 N901 的③脚和⑪脚供电电压端，正常情况下，应检测出 +5 V 左右的电压值。若测得的供电电压不正常，则说明一体化调谐器工作条件异常，应对供电电路进行检测；若该电压正常，接下来则需要对调谐器调谐电压端 BTL 进行检测。

2. 调谐电压的检测

检测等离子电视机一体化调谐器的调谐电压，如图 5-20 所示。检测时应将万用表的黑表笔接地，用红表笔搭接调谐器 N901 的②脚处，正常情况下，应检测出 32 V 的直流电压。

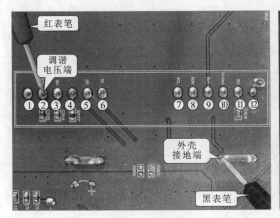

图 5-20 调谐器 N901 调谐电路供电电压的检测

3. I²C 总线控制信号的检测

若一体化调谐器 N901 的工作电压正常，还应对输入一体化调谐器 N901 的 I²C 总线控制信号进行检测。正常情况下，使用示波器应能在一体化调谐器 N901 中的⑦脚和⑧脚分别检测到 I²C 总线时钟信号和数据信号波形，如图 5-21 所示。

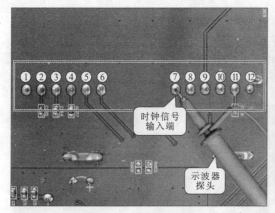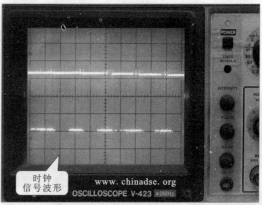

（a）调谐器⑦脚 I²C 总线时钟信号的检测方法及波形

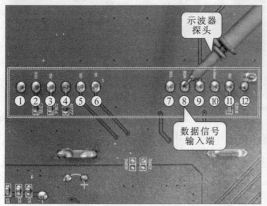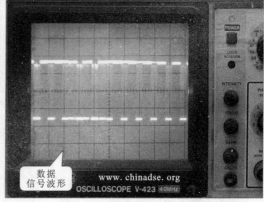

（b）调谐器⑧脚 I²C 总线数据信号的检测方法及波形

图 5-21 调谐器中 I²C 总线控制信号的检测方法及波形

4. 输出信号的检测

一体化调谐器 N901 将天线接收到的高频信号放大、混频，并进行视频检波和伴音解调后，由一体化调谐器的⑨脚、⑩脚输出第二伴音中频信号以及视频信号。正常情况下，示波器显示屏应有相应的信号波形显示。其检测方法及波形如图 5-22 所示。若经检测，调谐器的工作电压、控制信号均正常，而一体化调谐器 N901 仍无输出信号，则说明一体化调谐器 N901 本身损坏。

5.3.2 液晶电视机电视信号接收电路的检修方法

下面以厦华 LC-32U25 型液晶电视机信号接收电路为例，详细介绍液晶电视机电视信号接收电路的检修方法。

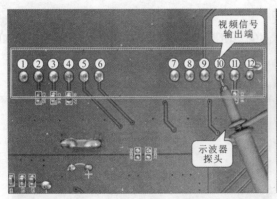
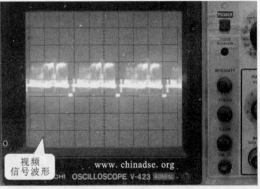

（a）一体化调谐器 N901 ⑩脚输出视频信号的检测方法及波形

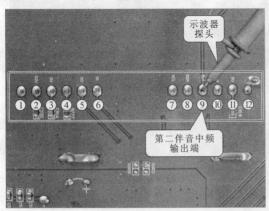
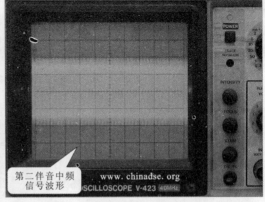

（b）一体化调谐器 N901 ⑨脚输出第二伴音中频信号的检测方法及波形

图 5-22　一体化调谐器 N901 输出信号的检测方法及波形

1．调谐器的检测方法

调谐器出现故障会造成液晶电视机接收不到电视节目、不能锁定在某一频道上、图像有明显雪花杂波、伴音噪声大等故障现象。在对调谐器进行检修前，应首先熟悉调谐器各引脚的排列顺序以及功能，如图 5-23 所示。在此基础对调谐器的供电电压、BT 电压、IF 信号等进行检测。

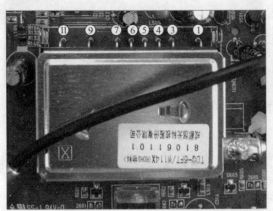
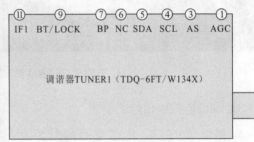

图 5-23　对调谐器与其引脚功能进行识别

1）供电电压的检测

调谐器的供电电压是为调谐器提供工作条件的，使用万用表对该电压进行检测的方法如图 5-24 所示。

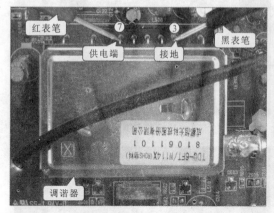

图 5-24 调谐器供电电压的检测方法

将黑表笔搭接接地端③脚，红表笔搭接在调谐器⑦脚供电端，在正常情况下，万用表应显示 +5V 左右。若调谐器的供电电压不正常，则说明调谐器工作条件异常，应对供电电路部分检测，并排除故障；若该电压正常，接下来则需要对调谐器调谐电压 BT 进行检测。

2）调谐器 BT 端供电电压的检测

若调谐器出现无法搜索电视节目的故障，则应对调谐器⑨脚调谐电压 BT 进行检测，如图 5-25 所示。在正常情况下，在调谐搜索状态时，该引脚的电压应为 32V。

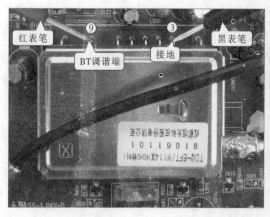

图 5-25 调谐器 BT 端供电的检测方法

3）调谐器控制信号的检测

对调谐器的 I²C 总线控制信号进行检测，如图 5-26 所示。在正常情况下，在调谐器 TUNER1 中④脚和⑤脚应能分别检测到 I²C 总线的时钟信号波形和数据信号波形。

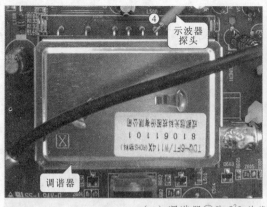

（a）调谐器④脚 I²C 总线时钟信号的检测方法和波形

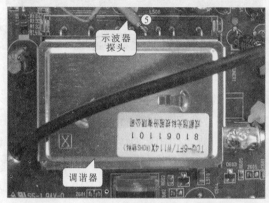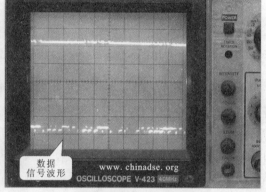

（b）调谐器⑤脚 I²C 总线数据信号的检测方法和波形

图 5-26　调谐器中 I²C 总线控制信号的检测方法和波形

4）调谐器输出信号的检测

调谐器 IF 端输出的信号是否正常是后级电路能否正常工作的基础。对调谐器输出的 IF 信号进行检测的方法如图 5-27 所示。在正常情况下，示波器应有 IF 信号波形显示。若经检测，调谐器的工作电压、控制信号均正常，而调谐器仍无正常的中频信号输出，则说明调谐器本身损坏，应进行更换。

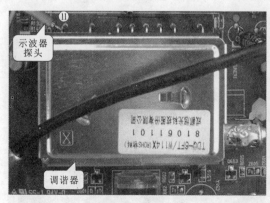

（a）检测方法　　　　　　　　　　（b）波形显示方法及波形

图 5-27　调谐器输出 IF 信号的检测

2. 预中放和声表面波滤波器的检测方法

在检测预中放和声表面波滤波器时，主要是通过检测其输入及输出的信号波形来判断器件是否正常。图 5-28 所示为预中放晶体管 V104 输出信号的检测方法及波形。

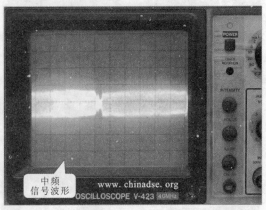

图 5-28 检测预中放输出的中频信号波形

检测时将示波器探头搭接在预中放晶体管 V104 的 C 极上，观察示波器屏幕上的波形。若预中放输出的 IF 信号正常，则说明 V104 正常，接下来需要对声表面波滤波器输出的第一伴音中频信号及图像中频信号进行检测。由于声表面滤波器的引脚部分在电路板背面，实测时不易操作，因此可以通过分别检测输入到中频信号处理电路 N101 ④脚、⑤脚的图像中频信号和⑦脚的伴音中频信号的波形是否正常，来判断图像声表面波滤波器 Z103 和伴音声表面波滤波器 Z102 性能的好坏。其检测方法和波形参见图 5-30、图 5-31。

若检测的信号波形均正常，则说明预中放和声表面波滤波器的性能正常。

3. 中频信号处理电路的检测方法

对中频信号处理电路进行实际检测时，可重点检测其基本的工作条件和关键引脚的输入输出信号波形。

1）供电电压的检测

中频信号处理电路 N101（M52760E）的⑭脚为供电引脚，检测时，将黑表笔搭接⑥脚接地端，红表笔搭接在⑭脚上。在正常情况下，应测得 +5 V 的供电电压，如图 5-29 所示。

图 5-29 中频信号处理电路供电电压的检测方法

2）输入信号波形的检测

中频信号处理电路 N101（M52760E）的⑦脚为伴音中频信号输入端，检测时可以使用示波器检测其中一引脚的输入信号波形是否正常，其检测方法及信号波形如图 5-30 所示。

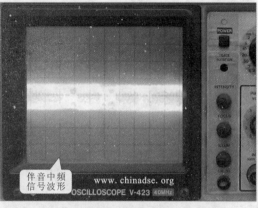

（a）检测方法　　　　　　　　　　（b）波形

图 5-30　中频信号处理电路 N101（M52760E）伴音中频信号的检测方法和波形

图像中频信号输入是否正常的检测方法及波形如图 5-31 所示。若输入的信号波形均正常，接下来可对中频信号处理电路 N101（M52760E）的输出信号波形进行检测。

（a）检测方法　　　　　　　　　　（b）波形

图 5-31　中频信号处理电路 N101（M52760E）图像中频信号输入端的检测方法和波形

3）输出信号波形的检测

检测输出的图像中频信号和伴音中频信号是否正常的方法和波形分别如图 5-32 和图 5-33 所示。

若中频信号处理电路的供电电压及输入波形均正常，而输出的信号波形不正常，有可能是该芯片损坏。当然，也可以逆信号流程进行检测，即首先检测 N101 的输出端，若输出端信号正常，则其前级均正常，便没有必要再检测输入信号和供电电压了；若输出信号异常或无信号输出，再对输入信号和供电条件进行测试，以提高维修效率。

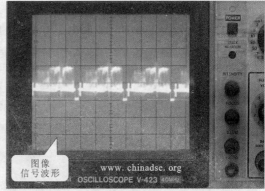

（a）检测方法　　　　　　　　　　　　（b）波形

图 5-32 输出图像中频信号的检测方法和波形

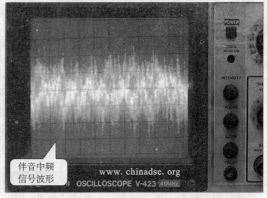

（a）检测方法　　　　　　　　　　　　（b）波形

图 5-33 输出伴音中频信号的检测方法和波形

4. 音/视频切换开关的检测方法

对音/视频切换开关 N701（TC4052BP）进行实际检测时，可重点检测其基本的工作条件和关键引脚的输入、输出信号波形。

1）供电电压的检测

首先检测音/视频切换开关 N701（TC4052BP）的供电电压。将万用表的量程调至"直流 10 V"电压挡，黑表笔搭接在⑧脚接地端，红表笔搭接在⑯脚供电电压端，如图 5-34（a）所示。此时观察万用表的读数，若在 5 V 左右，则说明音/视频切换开关 N701（TC4052BP）的供电条件是正常的，如图 5-34（b）所示。

2）输入信号波形的检测

若音/视频切换开关 N701（TC4052BP）的供电电压正常，则可检测音/视频切换开关 N701（TC4052BP）输入的信号波形是否正常，如图 5-35 所示，需将示波器的接地夹接地端，用探头接触音/视频切换开关 N701（TC4052BP）的第二伴音中频信号输入端引脚（这里以⑪脚为例），即可测得输入的第二伴音信号波形。

3）输出信号波形的检测

若音频切换开关 N701（TC4052BP）输入的第二伴音中频信号正常，则可检测音频切换

（a）检测方法

（b）显示

图 5-34 音/视频切换开关 N701（TC4052BP）供电电压的检测

（a）检测方法

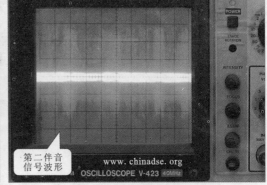
（b）波形

图 5-35 音/视频切换开关 N701（TC4052BP）输入端第二伴音中频信号的检测方法及波形

开关 N701（TC4052BP）⑬脚输出的第二伴音中频信号是否正常。其具体检测方法和波形如图 5-36 所示。

（a）检测方法

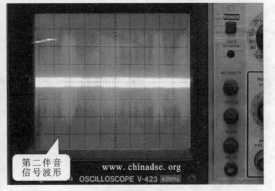
（b）波形

图 5-36 音/视频切换开关 N701（TC4052BP）输出第二伴音中频信号的检测方法和波形

在供电电压正常的情况下，音/视频切换开关 N701（TC4052BP）的音/视频输入信号正常，而输出端的信号不正常，则多为该音/视频切换开关 N701（TC4052BP）本身损坏。

第 6 章

等离子、液晶电视机音频信号处理电路的故障检修

6.1 等离子、液晶电视机音频信号处理电路的结构特点

等离子和液晶电视机的音频信号处理电路在结构上基本相同，只是不同品牌和型号的产品，所采用的芯片或电路组合方案有所不同。

6.1.1 等离子电视机音频信号处理电路的结构特点

图 6-1 所示为等离子电视机音频信号处理电路的功能框图。等离子电视机的音频处理电路是对声音信号进行处理的电路。音频信号处理电路接收来自调谐器以及 AV 接口的音频信号，对音频信号进行切换和处理，将处理好的音频信号送入音频功率放大器中进行放大，并

将放大后的音频信号送入扬声器和音频输出接口。

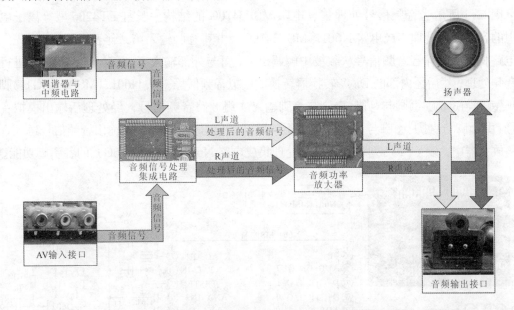

图 6-1 等离子电视机音频信号接收处理电路的功能框图

图 6-2 所示为等离子电视机音频信号处理电路的整体结构。它是由音频信号处理集成电路、音频功率放大器、AV 输入接收、音频输出接口和扬声器等构成。下面重点介绍音频信号处理集成电路、音频功率放大器的结构和引脚功能。

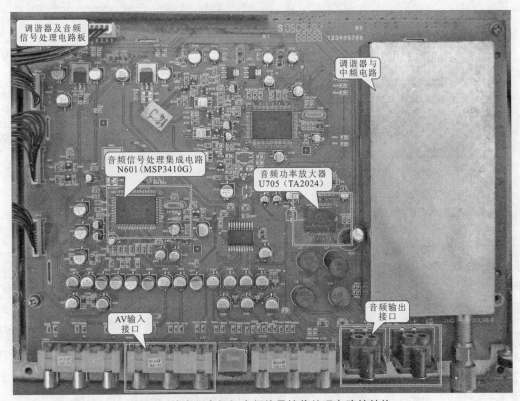

图 6-2 等离子电视机音频信号接收处理电路的结构

1. 音频信号处理集成电路

图 6-3 所示为音频信号处理集成电路 MSP3410G 的结构。长虹 PT4206 型等离子电视机中的音频信号处理集成电路 N601（MSP3410G）由其 ⑦ 脚输入第二伴音中频信号，先经内部电路将其中的伴音音频信号从载波中解调出来，再与外部输入音频信号进行切换并进行数字音频处理，然后经内部的 D/A 转换器转换成模拟音频信号。从 N601（MSP3410G）⑰ 脚与 ⑱ 脚、⑳ 脚与 ㉑ 脚、㉓ 脚与 ㉔ 脚、㉖ 脚与 ㉗ 脚输入 4 组 8 路音频信号，经处理后输出模拟音频信号；由 ㉝ 脚与 ㉞ 脚、㊱ 脚与 ㊲ 脚输出 2 组 4 路音频信号；㉗ 脚与 ㉘ 脚输出音频信号送入音频功率放大器中。表 6-1 所列为音频信号处理集成电路 N601（MSP3410G）的各引脚功能。

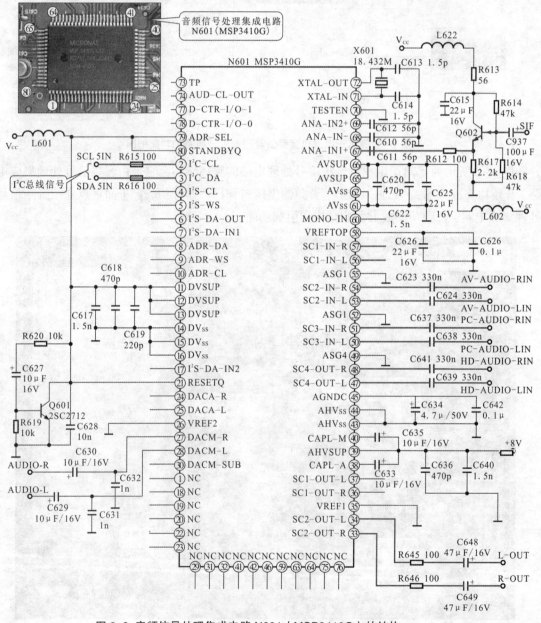

图 6-3 音频信号处理集成电路 N601（MSP3410G）的结构

表 6-1 音频信号处理集成电路 MSP3410G 各引脚功能

引脚号	引脚标识	引脚功能	引脚号	引脚标识	引脚功能
②	I^2C-CL	I2C 总线时钟	㊹	AHVSS	模拟地
③	I^2C-DA	I2C 总线数据	㊺	AGNDC	模拟参考电压
④	I^2S-CL	I2S 时钟	㊼	SC4-IN_L	左通道 SCART 输入
⑤	I^2S-WS	I2S 字选通脉冲	㊽	SC4-IN-R	右声道 SCART 输入
⑥	I^2S-DA-OUT	I2S 数据输出	㊾	ASG	模拟屏蔽地
⑦	I^2S-DA-IN1	I2S 数据输入	㊿	SC3-IN-L	左通道 SCART 输入
⑧	ADR-DA	ADR 数据输出	(51)	SC3-IN-R	右声道 SCART 输入
⑨	ADR-WS	ADR 字选通脉冲	(52)	ASG	模拟屏蔽地
⑩	ADR-CL	ADR 时钟	(53)	SC2-IN-L	左通道 SCART 输入
⑪	DVSUP	数字电源（5 V）	(54)	SC2-IN-R	右声道 SCART 输入
⑫	DVSUP	数字电源（5 V）	(55)	ASG	模拟屏蔽地
⑬	DVSUP	数字电源（5 V）	(56)	SC1-IN-L	左通道 SCART 输入
⑭	DVSS	数字地	(57)	SC1-IN-R	右声道 SCART 输入
⑮	DVSS	数字地	(58)	VREFTOP	参考电压中频 A/D 转换
⑯	DVSS	数字地	(60)	MONO - IN	单声道信号输入
⑰	I2S-DA-IN2	I2S 数据输入	(61)	AVSS	模拟地
㉑	RESETQ	上电复位	(62)	AVSS	模拟地
㉔	DACA-R	右声道扬声器输出	(65)	AVSUP	模拟电源（5 V）
㉕	DACA-L	左声道扬声器输出	(66)	AVSUP	模拟电源（5 V）
㉖	VREF2	参考地	(67)	ANA-IN1+	中频信号输入
㉗	DACM-R	右声道扬声器输出	(68)	ANA-IN-	中频信号公共端
㉘	DACM-L	左声道扬声器输出	(69)	ANA-IN2+	中频信号输入
㉚	DACM-SUB	扬声器输出	(70)	TESTEN	测试
㉝	SC2-OUT-R	右声道 SCART 输出	(71)	XTAL-IN	振荡器输入
㉞	SC2-OUT-L	左声道 SCART 输出	(72)	XTAL-OUT	振荡器输出
㉟	VREF1	参考地	(73)	TP	测试

续表 6-1

引脚号	引脚标识	引脚功能	引脚号	引脚标识	引脚功能
㊱	SC1–OUT–R	右声道 SCART 输出	⑭	AUD–CL–OUT	音频时钟输出
㊲	SC1–PUT–L	左声道 SCART 输出	⑦	D–CTR–I/O–1	数字控制输入 / 输出
㊳	CAPL–A	外接音量电容器	㊙	D–CTR–I/O–0	数字控制输入 / 输出
㊴	AHVSUP	模拟电源（8 V）	㊙	ADR – SEL	I2C 总线地址选择
㊵	CAPL–M	接主音量电容器	⑳	STANDBYQ	待机控制（低态有效）
㊸	AHVSS	模拟地			

2. 音频功率放大器

如图 6-4 所示为音频功率放大器 TA2024 的结构。在长虹 PT4206 型等离子电视机的音频信号处理电路中采用音频功率放大器 UA1C（TA2024），其 ⑪ 脚与 ⑮ 脚接收从音频信号处理集成电路 N601（MSP3410G）㉗ 脚与 ㉘ 脚输出的音频信号，经内部电路进行放大后，分别由 ㉔ 脚与 ㉗ 脚、㉘ 脚与 ㉛ 脚输出双路音频信号，驱动扬声器或送入音频输出接口。

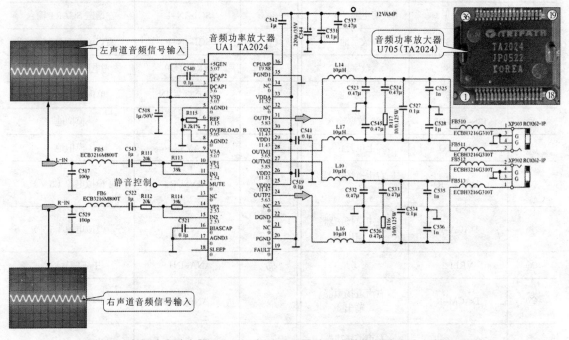

图 6-4 音频功率放大器 TA2024 与外围元器件组成的音频功率放大电路结构

音频功率放大器 TA2024 不仅用在长虹 T4206 型等离子电视机中，还在其他一些液晶电视机中广泛采用，例如长虹 LP06 机芯、LP09 机芯和 LS10 机芯液晶系列电视机中都采用了该型号的音频功率放大器。

【信息扩展】

图 6-5 所示为音频功率放大器 TA2024 的内部结构框图及由其组成的音频功率放大电路。

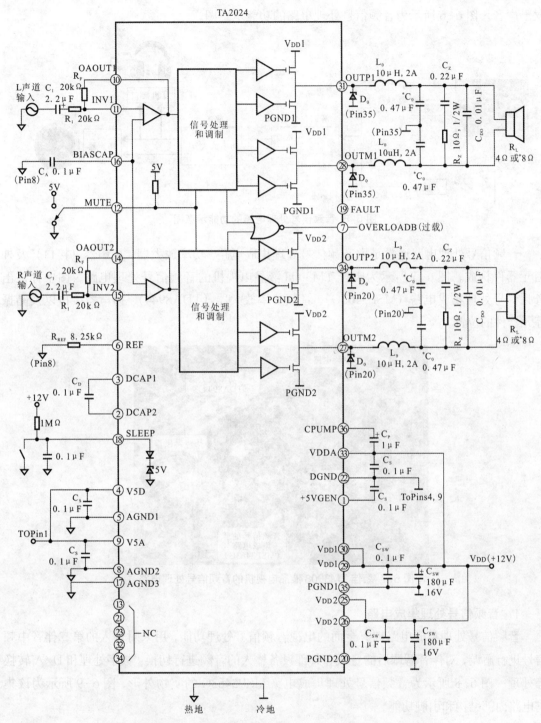

图 6-5　音频功率放大器 TA2024 内部结构及其音频功率放大电路

6.1.2　液晶电视机音频信号处理电路的结构特点

　　在液晶电视中，音频信号处理电路的功能是将中频电路输出的伴音信号和由外部接口（AV 接口）输入的音频信号进行处理、切换和放大，并驱动液晶电视机的扬声器或外接耳机发出声音。图 6-6 所示为音频信号处理电路的功能示意图。

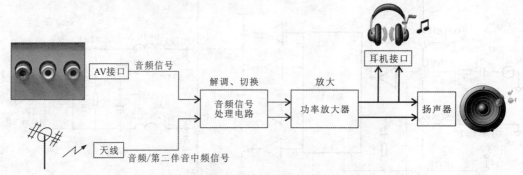

图 6-6 音频信号处理电路的功能示意图

音频信号处理电路通常是由音频信号处理集成电路、功率放大器、扬声器（接口）及外围元器件构成。图 6-7 所示为康佳 TM3008 液晶电视机的音频信号处理电路。图中标注出音频信号处理集成电路（MSP3463G）、音频功率放大器（TDA8944）、扬声器接口以及晶振等元器件的位置。

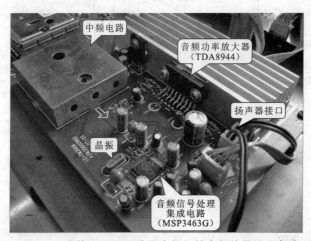

图 6-7 康佳 TM3008 液晶电视机的音频信号处理电路

1. 音频信号处理集成电路

音频信号处理集成电路拥有全面的电视音频信号处理功能，用来对输入的第二伴音中频信号进行解调，对伴音解调后的音频和外部设备输入的音频进行切换、数字处理和 D/A 转换等处理。图 6-8 所示为音频信号处理集成电路 MSP3463G 的实物外形，图 6-9 所示为该集成电路内部结构和引脚功能。

除电路外，液晶电视机常用的音频信号处理集成电路型号还有：NJW1142、PT2313L 等。

【信息扩展】

除 MSP3463G 型集成电路外，常见的液晶电视机音频信号处理集成电路还包括 NJW1142、PT2313L 等型号。图 6-10 所示为音频信号处理集成电路 NJW1142 的内部结构及引脚功能。从图中可以看出，该集成电路有 30 个引脚，具有音调控制、环绕立体声和仿真立体声处理等功能。

图 6-8 音频信号处理集成电路 MSP3463G 的实物外形

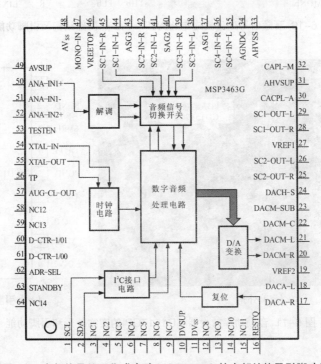

图 6-9 音频信号处理集成电路 MSP3463G 的内部结构及引脚功能

2. 音频功率放大器

经音频信号处理集成电路处理后的音频信号功率较低，不足以驱动扬声器发声。因此，液晶电视机中都会采用专门的音频功率放大器对音频信号进行功率放大，然后驱动扬声器发声。图 6-11 所示为音频功率放大器 CD1517CP 的实物外形和引脚功能。该放大器是一种 2×6W（两声道）立体声功率放大器，共有 18 个引脚，其⑩～⑱脚全部为接地端。

图 6-12 所示为音频功率放大器 CD1517CP 的内部结构框图。

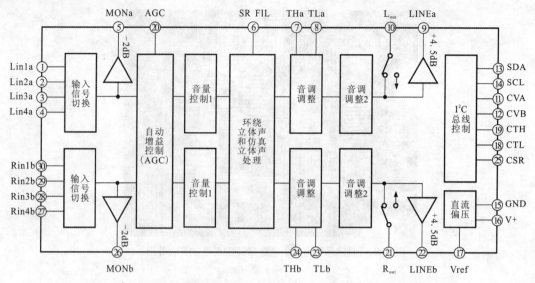

图 6-10 音频信号处理集成电路 NJW1142 的内部结构及引脚功能

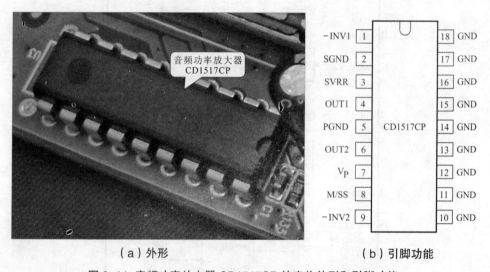

（a）外形　　　　　　　　　（b）引脚功能

图 6-11 音频功率放大器 CD1517CP 的实物外形和引脚功能

【信息扩展】

除了 CD1517CP 外，液晶电视机常见的音频功率放大器还包括 TA2024、TDA8944、PT2330 等型号。图 6-13 所示为音频功率放大器 PT2330 的内部结构框图。该放大器共有 48 个引脚，其最大输出功率可达 30 W，属于 D 类放大器（数字功放），具有效率高、功耗低、音质好、谐波失真低等特点。

3. 音频切换选择开关

由于液晶电视机的设计和需求不同，其音频信号处理电路中所采用的芯片功能也会不同。如图 6-14 所示为长虹 LT3788 型液晶电视机的音频信号处理电路。从图中可以看出，该电路中除了常见的音频信号处理集成电路、音频功率放大器外，还安装有音频切换选择开关

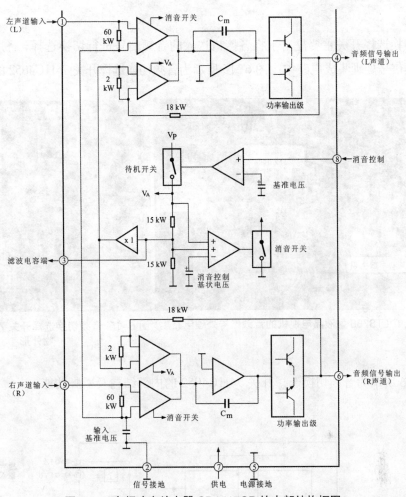

图 6-12 音频功率放大器 CD1517CP 的内部结构框图

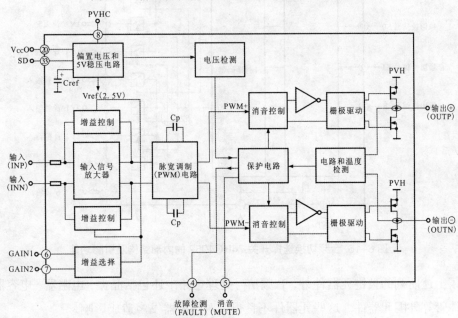

图 6-13 音频功率放大器 PT2330 的内部结构框图

（74HC4052）。

音频切换选择开关主要是用于将各接口送入的音频信号进行切换选择，将用户选中的一路送到音频信号处理集成电路中。图 6-15 所示为音频切换选择开关 74HC4052 的实物外形。

图 6-14 长虹 LT3788 型液晶电视机的音频信号处理电路　　　图 6-15 音频切换选择开关 74HC4052 的实物外形

图 6-16 所示为音频切换选择开关 74HC4052 的内部结构及引脚功能。

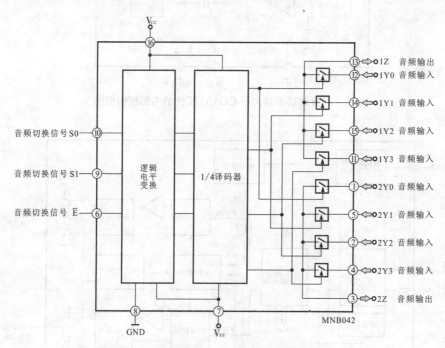

图 6-16 音频切换选择开关 74HC4052 的内部结构及引脚功能

除了上述所列的关键元器件外，音频信号处理电路中还包括晶振、电阻器、电容器、二极管和晶体管等外围元器件。这些元器件不良也会对扬声器发声造成影响。

6.2　等离子、液晶电视机音频信号处理电路分析

6.2.1　等离子电视机音频信号处理电路分析

1. 康佳 PDP4218 型等离子电视机音频信号处理电路分析

图 6-17 所示为康佳 PDP4218 型等离子电视机的音频信号处理电路。主伴音中频信号送到音频信号处理集成电路 N230（MSP3463G）的㊿脚，副伴音中频信号送到㊷脚。由 AV 接口送来的三组音频信号分别由㊳、㊴、㊶、㊷、㊹、㊺ 6 只引脚引入 N230。信号在集成电路中进行解调、切换和数字处理之后，还对伴音信号进行立体声的数字处理，使其具有立体声的效果。该处理后的音频信号有两组输出，一组由㉘脚和㉙脚输出，分别送入左声道和右声道的音频信号输出插口，这个插口是用来连接外部的音频设备；另一组由⑳脚和㉑脚输出两个声道的伴音信号，送往音频功率放大器，经功率放大器放大后去驱动扬声器发声。

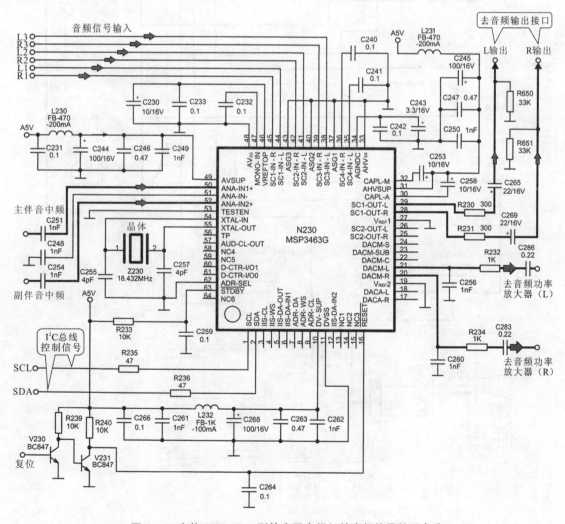

图 6-17　康佳 PDP4218 型等离子电视机的音频信号处理电路

图 6-18 所示为康佳 PDP4218 型等离子电视机的音频功率放大器电路。音频功率放大器 N210（TDA8944A）是一个具有双声道的功率放大器。由音频信号处理集成电路送来的两个声道的信号分别送到 N210 的⑥脚和⑧脚、⑨脚和⑫脚。经过音频功率放大器内部放大后，第一路是由①脚和④脚输出，经过插接件，驱动扬声器 B201、B205 和 B203 发声；另一路从⑭脚和⑰脚输出，去驱动扬声器 B202、B204 和 B206 发声。其中每一路中各有一个高音扬声器（B203、B204）。

2. TCL PDP4226 型等离子电视机音频信号处理电路分析

图 6-19 所示为 TCL PDP4226 型等离子电视机音频信号处理电路的电路分析。调谐器送来第二伴音中频信号经电容器滤波后，送入音频信号处理集成电路的㊿脚；而 AV 接口送

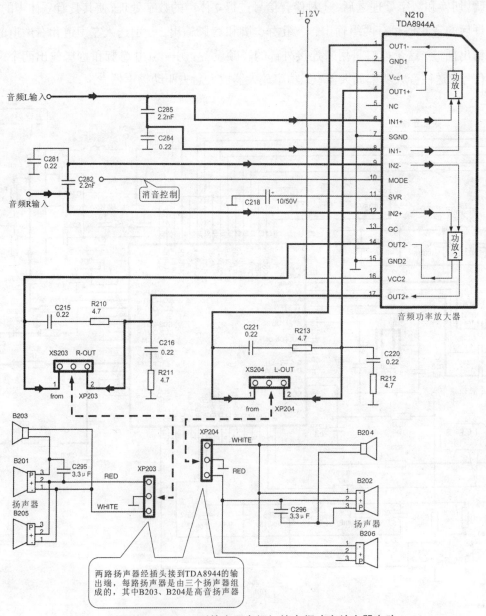

图 6-18 康佳 PDP4218 型等离子电视机的音频功率放大器电路

来的两组音频信号由㊹、㊺脚和㊶、㊷脚送入。音频信号经过集成电路内部处理后分为两组，一组由⑳、㉑脚输出，送到音频信号输出接口；另一组由㉕、㉖脚输出左／右声道音频信号，送入音频功率放大器进行放大。

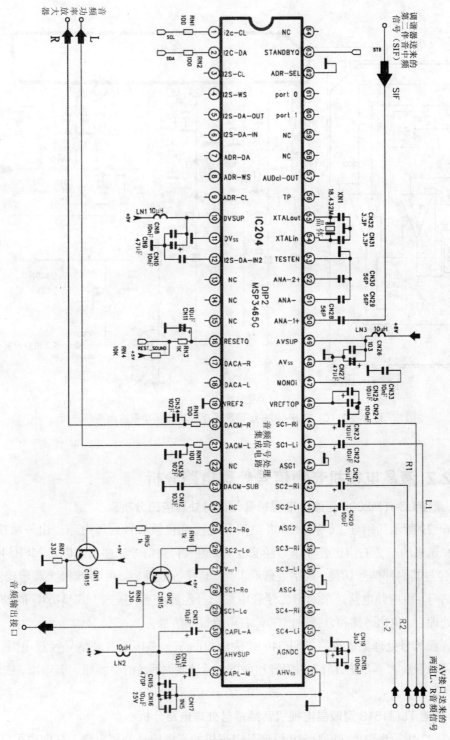

图 6-19 TCL PDP4226 型等离子电视机音频信号处理电路的电路分析

图 6-20 所示为 TCL PDP4226 型等离子电视机音频功率放大电路分析。由音频信号处理集成电路送来的音频信号，经过 C603、C607 滤波后，由⑤脚和②脚送入音频功率放大器 LA4282 中，经过放大处理后，由⑦脚和⑪脚输出左／右声道音频信号，去驱动扬声器工作。

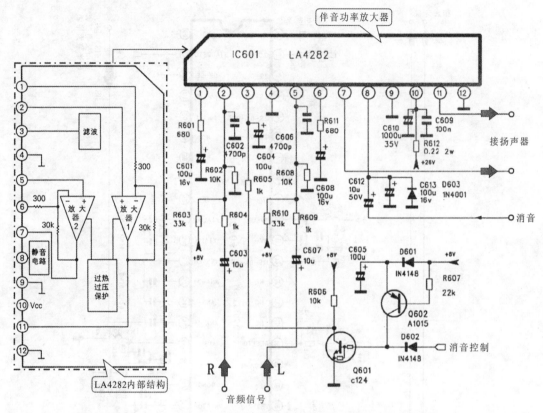

图 6-20 TCL PDP4226 型等离子电视机音频功率放大电路分析

6.2.2 液晶电视机音频信号处理电路分析

1. 康佳 LC-TM2008 型液晶电视机音频信号处理电路分析

图 6-21 所示为康佳 LC-TM2008 型液晶电视机音频信号处理电路。由外接接口（AV 接口等）送来的左／右声道音频信号经滤波后，送入音频信号处理集成电路 MSP3463G 的㊹、㊺脚，经过其内部信号切换、数字处理和 D／A 转换等处理后，由㉑脚和⑳脚输出左／右声道音频信号；由中频电路送来的第二伴音中频信号经滤波后，送入 MSP3463G 的㊿脚，经过其内部处理后，也由㉑脚和⑳脚输出左／右声道音频信号。

从音频信号处理集成电路 MSP3463G 中输出的左／右声道音频信号经过电阻、电容后，送入音频功率放大器 TDA1517 的①脚⑨脚，经过放大后，由④脚和⑥脚输出，去驱动左右声道发声。

2. 海信 TLM1519 型液晶电视机音频信号处理电路分析

图 6-22 所示为海信 TLM1519 型液晶电视机的音频信号处理电路。从图中可以看到，来

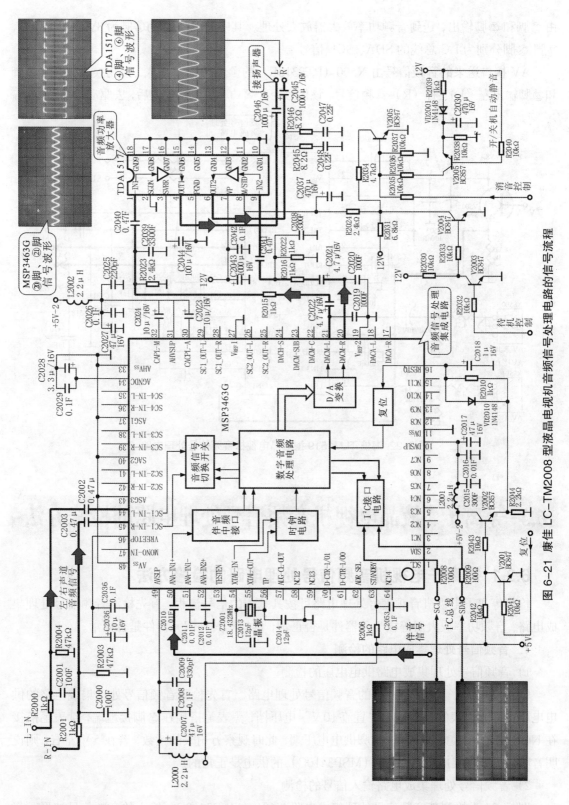

图6-21　康佳 LC-TM2008 型液晶电视机音频信号处理电路的信号流程

自电视机接收的 TV-A 音频信号经过晶体管 V500 和电容器 C514 分别送到音频信号处理集成电路 N500（PT2313L）的 ⑪脚和 ⑮脚，经过切换处理后的左（L）、右（R）音频信号分别由㉓脚和㉒脚输出，送到音频功率放大器放大处理。其中 PT2313L 的②脚为 8V 供电电压端，㉗脚、㉘脚分别为 I²C 总线的 SDA、SCL 信号端。

AV 接口送来的音频信号由 N500（PT2313L）的⑩脚和⑭脚输入，经切换后，也由㉓脚和㉒脚输出左（L）、右（R）音频信号，该信号经音频功率放大器放大后，去驱动扬声器发声。

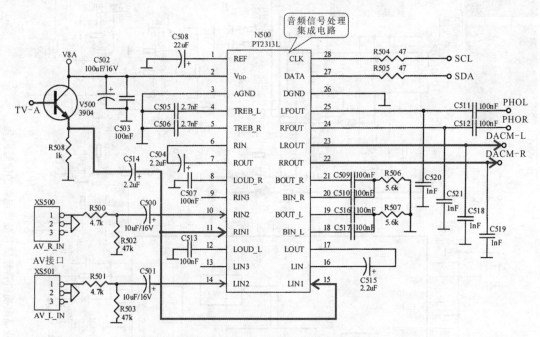

图 6-22 海信 TLM1519 型液晶电视机音频信号处理电路

6.3 等离子、液晶电视机音频信号处理电路的检修方法

6.3.1 等离子电视机音频信号处理电路的检修方法

检修等离子电视机音频信号处理电路可按其基本的信号流程，首先检测音频信号处理集成电路、音频功率放大器等核心元器件是否正常，再检测其外围元器件是否正常。

1. 音频信号处理集成电路的检测

1）音频信号处理集成电路供电电压的检测

图 6-23 为某等离子电视机的音频信号处理电路。首先检测音频信号处理集成电路的供电电压。将万用表的量程调至"直流 10 V"电压挡，黑表笔搭接在㉖脚接地端，红表笔搭接在 N601 的⑪、⑫、⑬、⑤、㊱、⑦、㊿脚供电电压端，此时观察万用表的读数，若在 5 V 左右，则说明音频信号处理集成电路 N601（MSP3410G）的供电是正常的。

2）音频信号处理集成电路输入信号的检测

图 6-24 为检测某音频信号处理集成电路 N601（MSP3410G）输入的音频信号波形。将示波器接地夹接地，探头搭接在 N601 的㊼脚上，检测输入的 SIF 伴音中频信号是否正常。

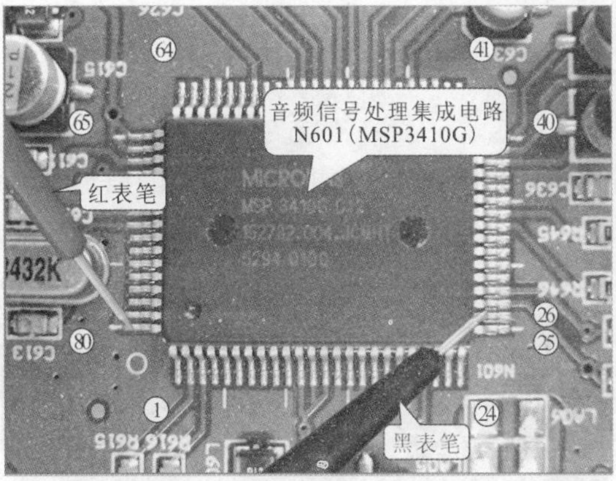

（a）检测方法

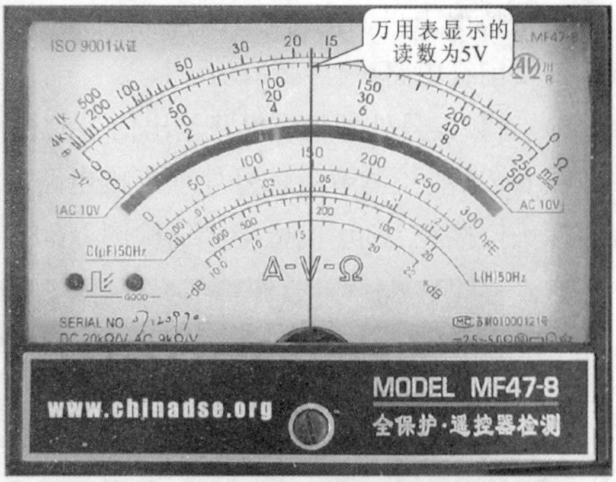

（b）万用表示数

图 6-23 音频信号处理集成电路 N601（MSP3410G）供电电压的检测

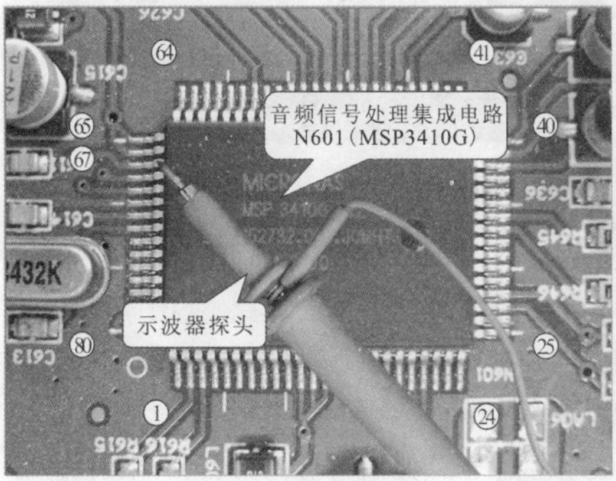

（a）检测方法

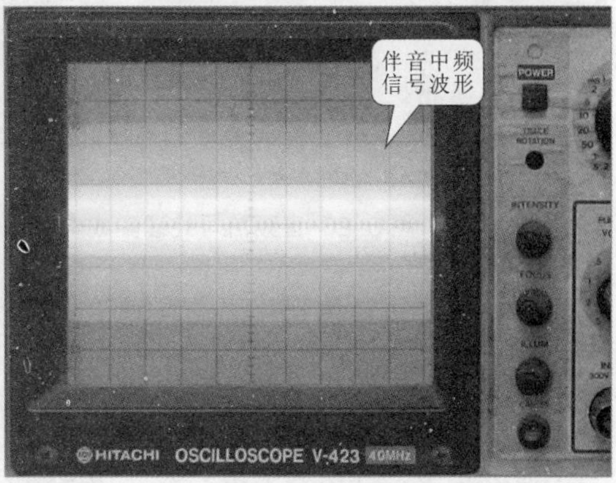

（b）波形

图 6-24 音频信号处理集成电路 N601（MSP3410G）SIF 伴音中频信号输入波形的检测

图 6-25 所示为检测音频信号处理集成电路 N601（MSP3410G）输入音频信号波形，将示波器探头分别搭接在 N601 的(47)与(48)脚、(50)与(51)脚、(53)与(54)脚、(56)与(57)脚，检测由 AV 接口输入 N601（MSP3410G）的音频信号波形是否正常。

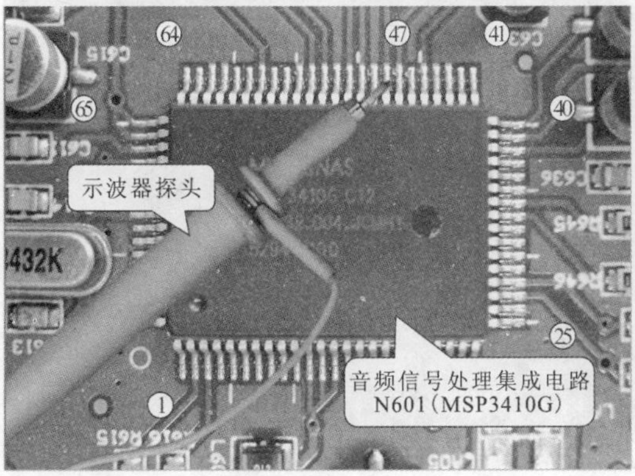

（a）检测方法

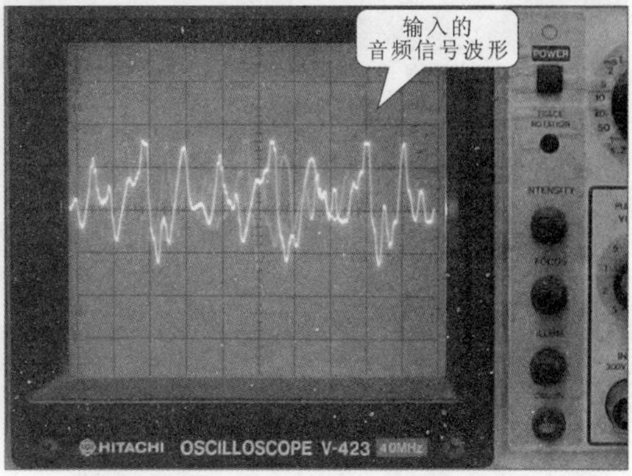

（b）信号波形

图 6-25 音频信号处理集成电路 N601（MSP3410G）AV 接口音频信号输入波形的检测

正常情况下可以测得输入的伴音中频信号波形和音频信号波形，若无信号波形，则应检查接口及前级电路。

3）音频信号处理集成电路输出信号的检测

图 6-26 为检测音频信号处理集成电路 N601（MSP3410G）输出音频信号的波形。将示波器探头搭接在 N601 的㉝、㉞脚，检测 N601（MSP3410G）输出的音频信号波形是否正常。

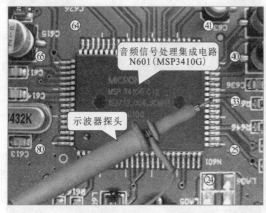
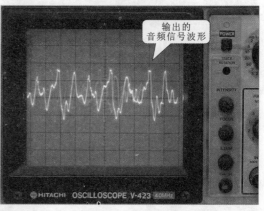

（a）检测方法　　　　　　　　　　　　　　（b）信号波形

图 6-26 音频信号处理集成电路 N601（MSP3410G）输出信号的检测

正常情况下可以测得输出的音频信号波形，若音频信号处理集成电路 N601 输入信号正常而无输出信号，则可能是音频信号处理集成电路 N601 自身损坏。

4）音频信号处理集成电路 I²C 总线信号的检测

对音频信号处理集成电路 N601（MSP3410G）的 I²C 总线信号波形进行检测，一般分两步进行：第一步，将示波器探头搭接在 N601 的③脚上，检测 I²C 总线数据信号 SDA 的波形，如图 6-27 所示；第二步，将示波器探头搭接在 N601 的②脚上，检测 I²C 总线时钟信号 SCL 的波形，如图 6-28 所示。

正常情况下可以检测到 I²C 总线的 SDA 总线和 SCL 时钟信号波形，若无信号波形则应检查微处理器电路是否有故障。

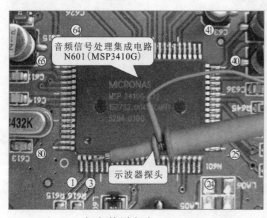

（a）检测方法　　　　　　　　　　　　　　（b）信号波形

图 6-27 音频信号处理集成电路 N601（MSP3410G）SDA 数据信号的检测

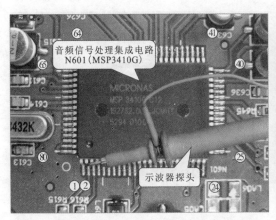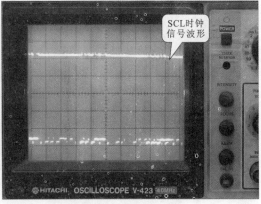

图 6-28　音频信号处理集成电路 N601（MSP3410G）SCL 时钟信号的检测

5）音频信号处理集成电路 N601（MSP3410G）晶振信号的检测

对音频信号处理集成电路 N601（MSP3410G）晶振信号的检测，将示波器的探头搭接在⑪、⑫脚上，如图 6-29 所示。

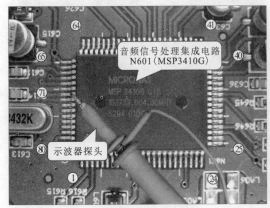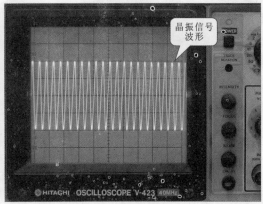

（a）检测方法　　　　　　　　　　　　　　（b）信号波形

图 6-29　音频信号处理集成电路 N601（MSP3410G）晶振信号的检测

正常情况下可以观察到晶振信号波形，若无信号波形应检查晶体 X601。

2. 音频功率放大器的检测

1）音频功率放大器供电电压的检测

检测音频功率放大器 U705（TA2024）的供电电压，将万用表调至"直流 50 V"电压挡，黑表笔搭接在⑰脚接地端，红表笔分别搭接在㉕、㉖、㉙、㉚、㉝脚供电端，正常情况下测得的供电电压为 12V，如图 6-30 所示。

2）音频功率放大器输入信号的检测

在供电电压正常的情况下，检测音频功率放大器 U705（TA2024）输入的音频信号，将示波器的接地夹接地，探头分别搭接在⑪脚、⑮脚，如图 6-31 所示。

在正常情况下可以测得音频功率放大器 U705（TA2024）输入的音频信号波形，若无信号波形应检查前级电路。

（a）检测方法　　　　　　　　　　　（b）万用表示数

图 6-30　音频功率放大器 U705（TA2024）供电电压的检测

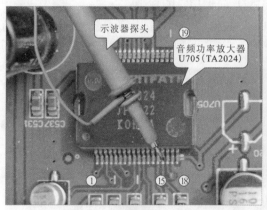

（a）检测方法　　　　　　　　　　　（b）信号波形

图 6-31　音频功率放大器 U705（TA2024）输入信号的检测

3）音频功率放大器输出信号的检测

检测音频功率放大器 U705（TA2024）输出的数字音频信号，将示波器的接地夹接地，探头分别搭接在㉔、㉗、㉘、㉛脚，如图 6-32 所示。

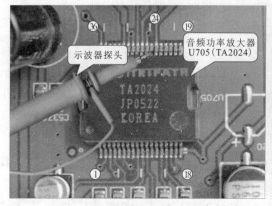

（a）检测方法　　　　　　　　　　　（b）信号波形

图 6-32　音频功率放大器 U705（TA2024）输出信号的检测

在正常情况下可以测得输出的音频信号波形，若输入信号与输出信号相同或无输出信号，则可能是音频功率放大器 U705（TA2024）自身损坏。

6.3.2　液晶电视机音频信号处理电路的检修方法

检修新型液晶电视机音频信号处理电路可按其信号流程，首先检测音频信号处理电路（R2S15900SP）、音频功率放大器（TPA3002D2）等核心部件，若正常，再检查外围元器件。

1. 音频信号处理电路的检测方法

1）音频信号处理电路供电电压的检测

首先检测音频信号处理电路 N301（R2S15900SP）的供电电压。将万用表的量程调至"直流 10 V"电压挡，黑表笔搭接在⑫脚接地端，红表笔搭接在㉘脚供电端，如图 6-33 所示。此时观察万用表的读数，若在 9 V 左右，则说明音频信号处理电路 N301（R2S15900SP）的供电是正常的。

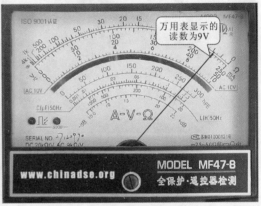

（a）检测方法　　　　　　　　　　　　（b）万用表示数

图 6-33　音频信号处理电路 N301（R2S15900SP）供电电压的检测

2）音频信号处理电路输入和输出信号的检测

若音频信号处理电路 N301（R2S15900SP）的供电电压正常，则可检测音频信号处理电路 N301（R2S15900SP）输入和输出信号的波形。

检测音频信号处理电路 N301（R2S15900SP）输入信号波形时，需将示波器的接地夹接地，用探头分别接触音频信号处理电路 N301（R2S15900SP）的输入端引脚，即⑤脚和㉔脚，即可测得输入音频信号波形，如图 6-34 所示（以检测⑤脚为例）。

若输入的音频信号正常，则接下来检测音频信号处理电路 N301（R2S15900SP）输出的音频信号是否正常。其具体检测方法是，将示波器的接地夹接地，用探头分别搭接音频信号输出端⑪脚和⑲脚，即可测得输出信号波形，如图 6-35 所示（以检测⑪脚为例）。

在供电电压正常情况下，音频信号处理电路的输入端和输出端应均能检测到音频信号。若输入端音频信号正常，而输出端无信号，则多为该音频信号处理电路本身损坏。

判断音频信号处理电路的好坏，还可以用万用表检测音频信号处理电路 N301

 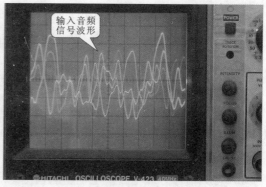

（a）检测方法　　　　　　　　　　　　　　（b）信号波形

图 6-34　音频信号处理电路 N301（R2S15900SP）输入音频信号的检测

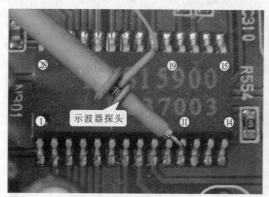

（a）检测方法　　　　　　　　　　　　　　（b）信号波形

图 6-35　音频信号处理电路 N301（R2S15900SP）输出音频信号的检测

（R2S15900SP）各引脚的对地阻值。若检测的实际对地阻值与正常值相差较大，则说明该音频信号处理电路本身损坏。

表 6-2 所列为音频信号处理电路 N301（R2S15900SP）各引脚对地电阻的正常值。

表 6-2　音频信号处理电路 N301（R2S15900SP）各引脚对地电阻正常值

引脚号	正向阻值（×1kΩ）（黑表笔接地）	反向阻值（×1kΩ）（红表笔接地）	引脚号	正向阻值（×1kΩ）（黑表笔接地）	反向阻值（×1kΩ）（红表笔接地）
①	7.0	10	⑮	7.5	10
②	7.0	10	⑯	7.5	11
③	7.0	11	⑰	4.0	7
④	7.0	11	⑱	4.0	8
⑤	7.0	10	⑲	7.0	11
⑥	7.0	10	⑳	7.0	11
⑦	7.0	11	㉑	7.0	11
⑧	7.0	11	㉒	7.0	10
⑨	7.0	11	㉓	7.0	10
⑩	7.0	11	㉔	7.0	11

续表6-2

引脚号	正向阻值（×1kΩ）（黑表笔接地）	反向阻值（×1kΩ）（红表笔接地）	引脚号	正向阻值（×1kΩ）（黑表笔接地）	反向阻值（×1kΩ）（红表笔接地）
⑪	7.0	11	㉕	7.0	11
⑫	0.0	0.0	㉖	6.5	10
⑬	∞	∞	㉗	2.0	11
⑭	∞	∞	㉘	2.0	12

2. 音频功率放大器的检测方法

1）音频功率放大器供电电压的检测

检测音频功率放大器 N401（TPA3002D2）的供电电压，将万用表的量程调至"直流50 V"电压挡，黑表笔搭接在 ㊸脚接地端，红表笔搭接在 ⑮脚供电端，观察万用表的读数，若在 18 V 左右，则说明音频功率放大器 N401（TPA3002D2）的供电电压是正常的，如图 6-36 所示。

（a）检测方法　　　　　　　（b）万用表示数

图 6-36 音频功率放大器 N401（TPA3002D2）供电电压的检测

2）音频功率放大器输入和输出波形的检测

检测音频功率放大器 N401（TPA3002D2）输入信号波形时，需将示波器的接地夹接地，用探头分别接触音频功率放大器 N401（TPA3002D2）的③脚和⑤脚，即可测得输入音频信号波形，如图 6-37 所示（以检测③脚为例）。经检测，若输入端音频信号异常或无输入，则应对前级电路进行检测；若输入信号正常，则可进行对音频功率放大器输出信号的检测。

音频功率放大器 N401（TPA3002D2）的 ⑯脚、⑰脚、⑳脚、㉑脚、㊵脚、㊶脚、㊹脚、㊺脚音频信号输出端，其具体检测方法是，将示波器接地夹接地，用探头分别搭接 N401 的⑯、⑰、⑳、㉑、㊵、㊶、㊹、㊺脚，即可测得音频功率放大器 N401 的输出信号波形，如图 6-38 所示（以检测⑯脚为例），此信号为 PWM 脉冲信号。

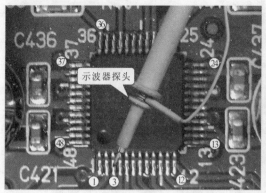 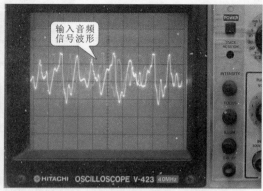

（a）检测方法 　　　　　　　　　　　　　（b）信号波形

图 6-37 音频功率放大器 N401（TPA3002D2）输入音频信号的检测

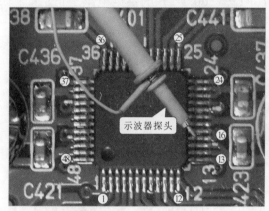 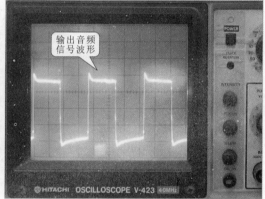

（a）检测方法 　　　　　　　　　　　　　（b）信号波形

图 6-38 音频功率放大器 N401（TPA3002D2）输出音频信号的检测

经检测，在音频功率放大器供电条件及输入信号正常的前提下，若无输出信号或输出信号异常，则多为音频功率放大器本身损坏。

第 7 章

等离子、液晶电视机数字信号处理电路的故障检修

7.1 等离子、液晶电视机数字信号处理电路的结构特点

等离子、液晶电视机的数字信号处理电路是将不同格式的视频图像信号经处理后变成驱动显示屏的数据信号。由于等离子屏和液晶屏所需要的驱动信号特点和方式有所不同，因此其输出芯片的型号和电路结构也存在差异。

7.1.1 等离子电视机数字信号处理电路的结构特点

等离子电视机数字信号处理电路主要用于处理电视机中的图像信号，将电视机接收的电视信号转换为驱动液晶屏的数据信号。图 7-1 所示为等离子电视机典型数字信号处理电路的功能示意图。

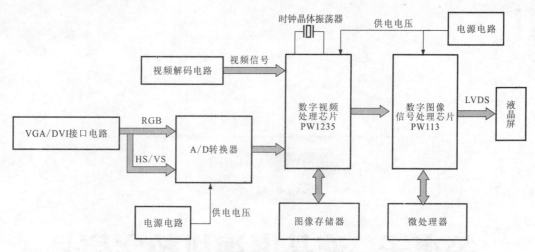

图 7-1 等离子电视机典型数字信号处理电路的功能示意图

由图可知，典型的数字信号处理电路主要由 A/D 转换器、数字视频处理芯片、数字图像信号处理芯片、图像存储器、微处理器、时钟晶体等组成。

该电路的供电电压由电源电路提供（1.8 V、2.5 V、3.3 V），外接时钟晶体为数字视频处理芯片提供时钟振荡信号，确保该电路的工作条件正常，微处理器与数字图像信号处理芯片之间通过 I²C 总线进行控制，视频解码电路送来的视频信号、A/D 转换电路送来的视频信号、AV 接口电路送来的音／视频信号，送到数字视频处理芯片中，经内部处理后送入数字图像信号处理芯片，输出驱动等离子屏的数据信号（LVDS）。图像存储器与数字图像信号处理芯片相互配合，对图像的数据进行暂存。

图 7-2 所示为等离子电视机中典型数字信号处理电路的实物外形。

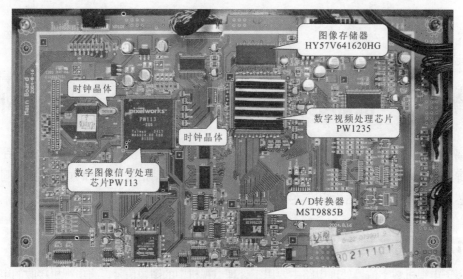

图 7-2 等离子电视机中典型数字信号处理电路的实物外形

1. 数字视频处理芯片

数字视频处理芯片主要功能是将视频解码器或视频接口电路（A/D）送来的数字视频信号转变为数字图像信号，送入数字图像信号处理芯片中。图7-3所示为数字视频处理芯片的实物外形，图7-4所示为其内部结构框图。从图中可以看出，数字视频处理芯片主要由视频输入单元、存储单元、显示单元、微处理器接口等组成。

PW1235芯片采用2.5 V和3.3 V电源供电，它首先将由视频解码电路和VGA/DVI等接口等输入的各种格式的视频图像进行视频增强和消噪处理，然后进行扫描格式变换，统一变成108Di/60Hz的扫描格式，再经蓝背景信号产生和同步叠加处理后，输出R、G、B数字图像信号，送给数字图像信号处理芯片PW113进行处理。

图7-3 数字视频处理芯片的实物外形

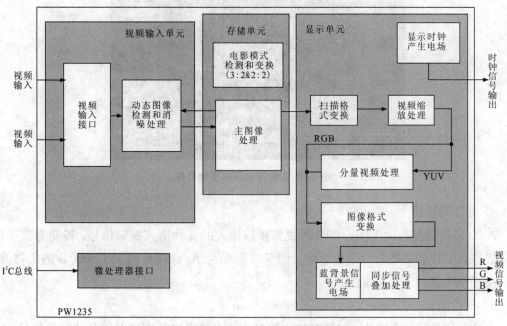

图7-4 数字视频处理芯片的内部结构框图

121

2. 数字图像信号处理芯片

数字图像信号处理芯片是数字信号处理电路的核心。经数字视频处理芯片处理后的图像信号，再由该芯片对输入的数字视频信号进行同步处理和图像的最优化处理，以及图像缩放处理，最后变成驱动等离子屏的数据信号。图 7-5 所示为数字图像信号处理芯片的实物外形。

图 7-5 数字图像信号处理芯片的实物外形

3. 图像存储器

图像存储器是用于存储图像信息，其对数字视频处理芯片产生的图像信号进行暂存，并与数字视频处理芯片进行数据交换。图 7-6 所示为图像存储器 HY57V641620HG 的实物外形。

图 7-6 图像存储器的实物外形

4. A/D 转换器

A/D 转换器是将由 VGA/DVI 等视频接口输入的各种格式视频信号，转变为数字视频信号送往数字视频处理芯片进行处理。图 7-7 所示为 A/D 转换器 MST9885B 的实物外形，图 7-8 所示为其内部功能框图。

5. 时钟晶体

在数字信号处理电路中，时钟晶体主要是为该电路提供所需的时钟晶体振荡信号，确保

图 7-7 A/D 转换器的实物外形

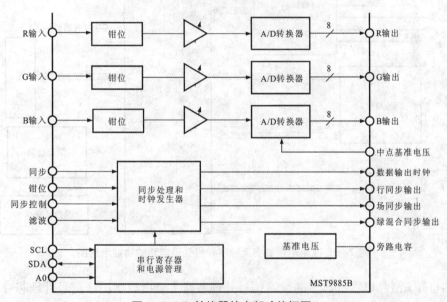

图 7-8 A/D 转换器的内部功能框图

该电路中的主要芯片能够得到正常的同步时钟信号（工作条件）。图 7-9 所示为时钟晶体的实物外形。

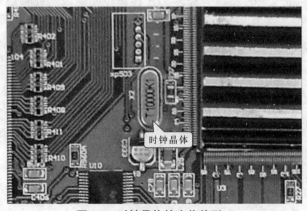

图 7-9 时钟晶体的实物外形

7.1.2 液晶电视机数字信号处理电路的结构特点

液晶电视机数字信号处理电路是整个液晶电视机的核心部分，它主要用于处理数字图像信号，由于有些数字图像处理芯片中包含数字音频信号处理电路和系统控制微处理器电路，因而数字音频信号和控制信号也在该芯片中处理。图7-10所示为液晶电视机典型数字信号处理电路的功能示意图。

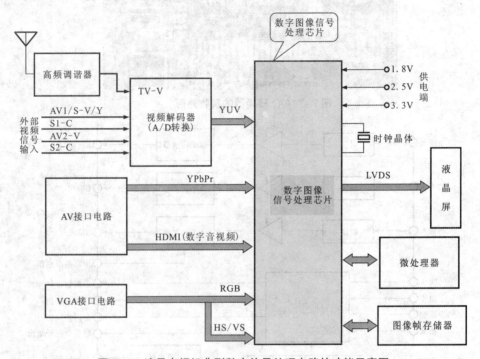

图7-10 液晶电视机典型数字信号处理电路的功能示意图

由图可知，液晶电视机典型的数字信号处理电路主要由数字图像信号处理芯片、图像帧存储器、时钟晶体等组成。

该电路的供电电压是由电源电路提供，晶体振荡器为数字图像信号处理芯片提供时钟晶振信号，微处理器与数字图像信号处理芯片之间通过I^{2}C总线进行控制，视频解码器送来的视频信号、AV接口电路送来的视频信号、VGA接口电路送来的视频信号和行／场同步信号送到数字图像信号处理芯片中，经内部处理后输出驱动液晶屏的数据信号（LVDS）。图像帧存储器与数字图像信号处理芯片相互配合，对图像的数据进行暂存。

图7-11所示为典型液晶电视机中数字信号处理电路的实物外形。

1. 数字图像信号处理芯片

数字图像信号处理芯片是液晶电视机的核心电路，如图7-12所示为数字图像信号处理芯片的实物外形。

2. 图像帧存储器

图像帧存储器与数字图像信号处理芯片相互配合，暂存图像信息。图7-13所示为图像帧存储器的实物外形。

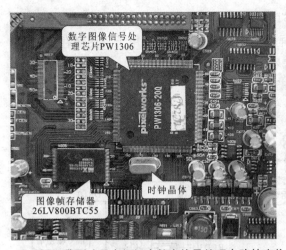

图 7-11 典型液晶电视机中数字信号处理电路的实物外形

图 7-12 数字图像信号处理芯片的实物外形

3. 时钟晶体

时钟晶体与数字图像信号处理芯片内部电路一起构成振荡电路，为数字图像信号处理芯片提供时钟信号。图 7-14 所示为时钟晶体的实物外形。

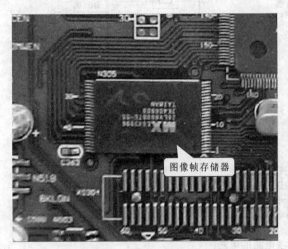

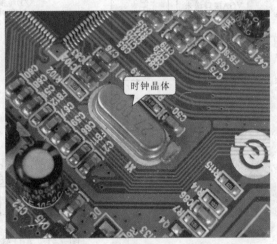

图 7-13 图像帧存储器的实物外形

图 7-14 时钟晶体的实物外形

7.2 等离子、液晶电视机数字信号处理电路分析

7.2.1 等离子电视机数字信号处理电路分析

1. 长虹 PT4206 型等离子电视机数字信号处理电路分析

对于长虹 PT4206 型等离子电视机的数字图像信号处理电路，可以以数字视频处理芯片 U3（PW1235）为核心器件进行电路分析。U3（PW1235）的引脚功能主要由三部分组

成：一部分用于接收由 A/D 转换器 U6（MST9885B）输出的 R、G、B 视频信号，另一部分用于输出 R、G、B 视频信号到等离子显示屏驱动电路，还有一部分用于与图像存储器 U4（HY54V641620HG）连接，进行时钟和数据信号的传递。

1）A/D 转换电路

图 7–15 所示为 A/D 转换电路的电路图。

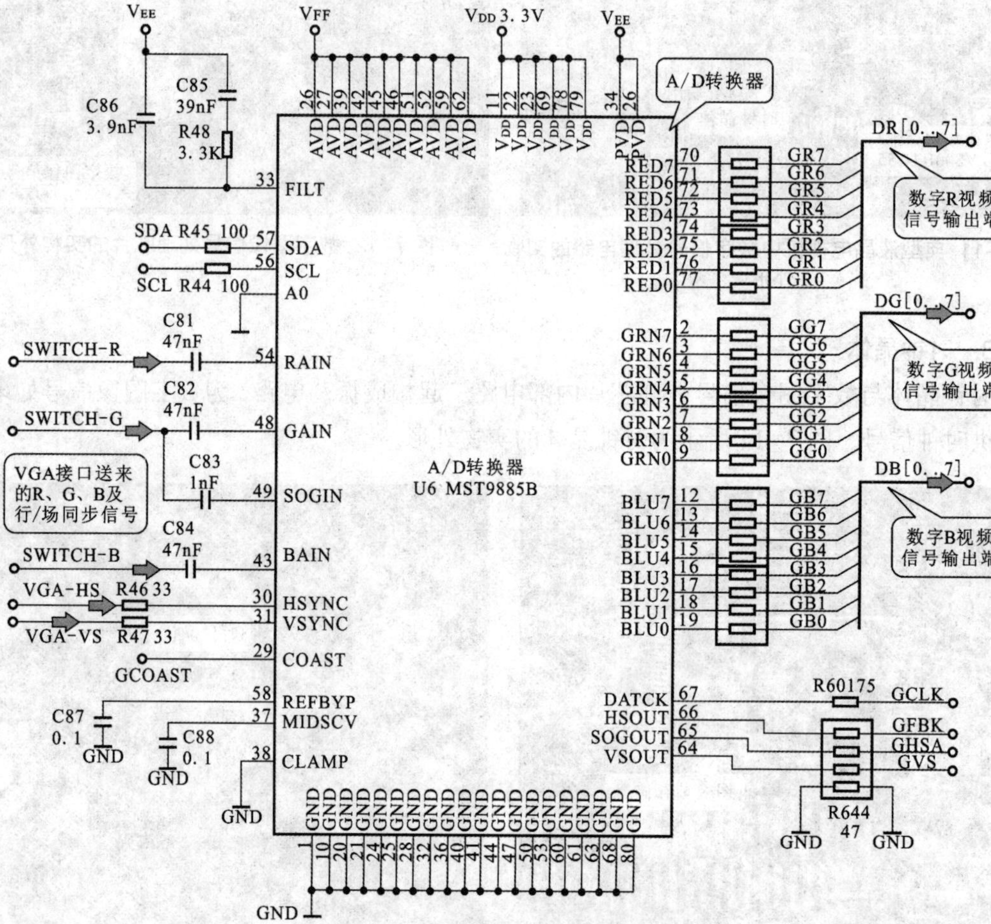

图 7–15 A/D 转换电路的电路图

由图可知，该电路主要是由 A/D 转换器 U6（MST9885B）及外围元器件等构成的。

电源电路送来的 +3.3 V 电压为 A/D 转换器进行供电，微处理器输出的数据总线信号（SDA）送到 MST9885B 的(57)脚，时钟总线信号（SCL）送到 MST9885B 的(56)脚。

VGA 接口送来的 R、G、B 信号分别经电容 C81、C82、C84 后送到 MST9885B 的(54)脚、㊽脚和㊸脚；行同步信号经电阻 R46 送到 MST9885B 的㉚脚；场同步信号经电阻 R47 送到 MST9885B 的㉛脚，经内部处理后输出数字视频信号（R、G、B），送往数字视频处理电路中。

2）数字视频处理芯片的输入和输出接口电路

图 7–16 所示为数字视频处理芯片的输入和输出接口电路。

由图可知，该电路主要是由数字视频处理芯片 U3（PW1235）以及外围元器件构成的。

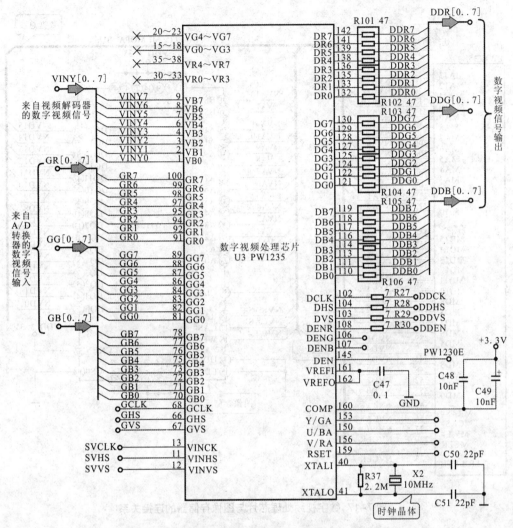

图7-16 数字视频处理芯片的输入和输出接口电路

电源电路为数字视频处理芯片（PW1235）提供的 +3.3 V 的供电电压，时钟晶体 X2 为 PW1235 提供 10 MHz 的时钟晶振信号，来自视频解码器的数字视频信号和来自 A/D 转换器的数字视频信号（R、G、B）送到 PW1235 后，经内部处理，输出数字视频信号送到等离子显示屏驱动电路中。

3）数字视频处理芯片与图像存储器的连接关系

图7-17 所示为数字视频处理芯片与图像存储器的连接关系。

由图可知，电源电路为图像存储器提供 +3.3 V 供电电压，图像存储器 U4（HY7V641620HG）与数字视频处理芯片 U6（PW1235）之间由排线进行连接，传输着地址总线和数据总线信号。

2. 东芝 50WP16 型等离子电视机数字信号处理电路分析

图7-18 所示为东芝 50WP16 等离子电视机数字信号处理电路结构及信号传送框图。

在该电路中各集成电路的功能如下：

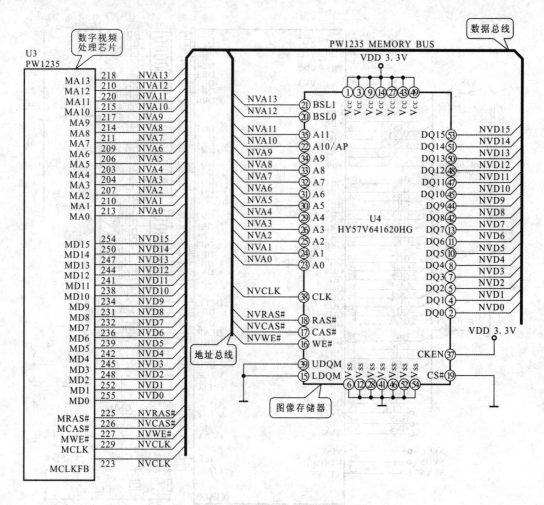

图 7-17 数字视频处理芯片与图像存储器的连接关系

① IC9302：RGB 处理变换、色度对比度等校正。

② IC9204、IC9254：格式变换（扫描变换）、隔行／逐行扫描变换。

③ IC9225、IC9226：数字相位校正。

④ IC9400、IC9450：等离子板图像信号处理。

⑤ IC9900：放电控制。

⑥ IC9501、IC9551：子场处理。

⑦ IC9562、IC9558、IC9559：数据信号的串／并变换器。

⑧ IC9401～IC9403、IC9452、IC9453、IC9061、IC9552、IC9557、IC9556：存储器。

高清分量信号（R、G、B 或分量视频信号）送到数字电路板，先经频带切换开关和缓冲放大后分别送到 A/D 变换器 IC9009、IC9007、IC9008。在三个 A/D 变换器内先分别将模拟 R、G、B 视频信号变成数字 R、G、B 信号，即三个 8 路数字信号，再送往 IC9302 中进行数字处理。来自音频视频信号处理电路的 Y/C 数字视频信号直接送到 IC9302 中。

R、G、B 数字信号在 IC9302 中进行数字处理后，经三路输出分别送到 IC9204 和

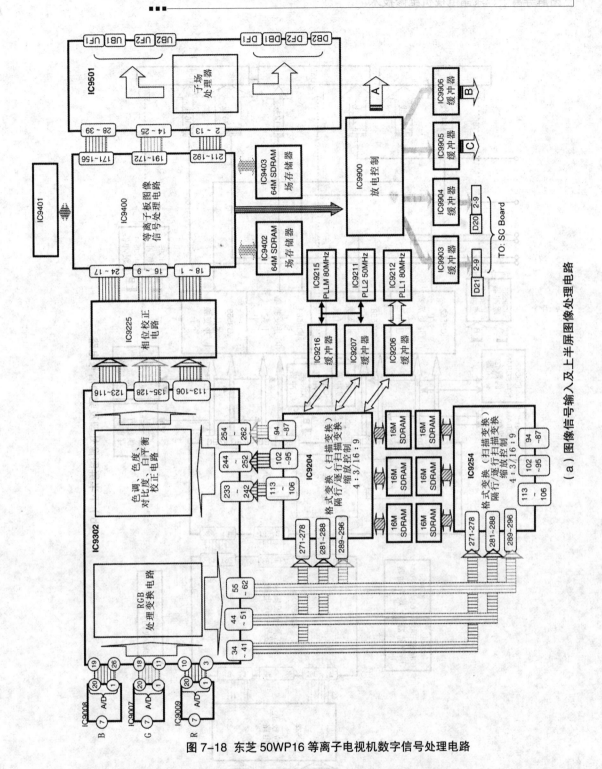

图 7-18 东芝 50WP16 等离子电视机数字信号处理电路

IC9254 中进行格式变换。变换处理分两部分，一部分是视频格式的变换；另一部分是扫描格式的变换，将隔行扫描的信号变成逐行扫描的信号，目的是提高画质、降低图像的大面积闪烁。其中 IC9204 和 IC9254 的电路结构相同，经 IC9204 处理后形成等离子屏上半屏数据驱动信号，经 IC9254 处理后形成下半屏的数据驱动信号。

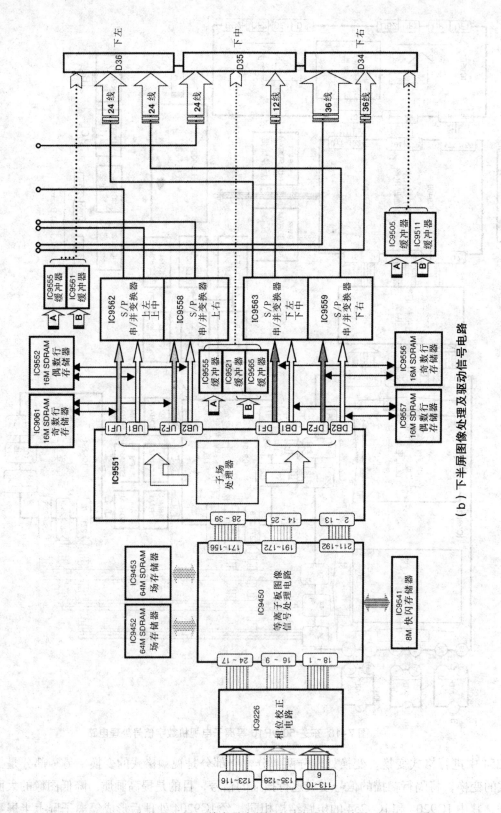

（b）下半屏图像处理及驱动信号电路

图 7-18 东芝 50WP16 等离子电视机数字信号处理电路

经 IC9204 处理后的数字信号再送到 IC9302 中进行亮度和色度信号的校正处理，它采用数字处理的方法进行色调、色度（色饱和度）、对比度、白平衡等校正处理。处理后的三路 8 位数字信号由 IC9225 进行相位校正处理后送到 IC9400 中进行等离子板图像信号处理，将数字图像信号转换成驱动等离子屏的数据信号。然后再送到 IC9501 中将数据信号变成子场数据信号。IC9501 形成的上半屏子场信号与 IC9551 形成的下半屏子场信号分送到 4 个串／并变换电路（IC9562、IC9558、IC9563、IC9559），变成多路信号去驱动等离子显示板。

7.2.2　液晶电视机数字信号处理电路分析

1.　康佳 LC-TM3216 型液晶电视机数字信号处理电路分析

康佳 LC-TM3216 液晶电视机数字信号处理电路以超大规模集成电路 PW181 为核心。图 7-19 所示为 PW181 的内部功能框图。

PW181 的引脚功能大致有以下几种类型：

1）视频信号接口

PW181 图像处理集成电路的两个输入端口可同时支持输入的图形信号和视频信号。它可以同时启动视频信号输入端口（VPort）和图形信号输入端口（GPort），支持画中画（PIP）和画外画（POP）显示。每个输入端口都有各自的彩色空间变换器，支持 DVI 数字图像格式，内设同步解码器和自动图形优化电路。每个输入端口都有一个 ITU-656 信号解码器，接收在 8 bit 数据总线中编码的 NTSC/PAL 制视频数据信号。

图 7-20 所示为康佳 LC-TM3216 液晶电视机中 PW181 的数字视频信号接口电路图。它有两组信号接口，可以接收两路数字视频信号，本机只用了一组信号接口（8bit×3）。来自数模转换器 N301（MST3788）的 R、G、B 数字信号，在 PW181 电路内进行视频处理。

2）数字视频接口（DVI 接口）

对于 DVI 输入信号而言，有宽带数字内容保护（HDCP），支持 DVI1.0 版本的规定（包括代码和串行接口）。数字视频信号可以通过双线式串行接口进行传输。数字视频信号经 DVI 接口电路处理后送到图像数字处理电路中进行处理。在机内的存储器中存有专门密钥码，可以根据通信协议识别处理加密格式的数据。

图 7-21 所示为康佳 LC-TM3216 液晶电视机中 PW181 的数字视频接口电路。该接口的信号是来自视频增强电路 PW1232 输出的数字视频信号。与 A/D 变换器 MST3788 送来的数字图像信号进行切换，然后再进行处理，最后形成驱动液晶显示屏的信号输出。

3）图形输入接口

图形输入端口（GPort）主要用于接收计算机图形信号。该端口可支持非常高的输入信号带宽。典型的 GPort 图形端口可以接到一个模数转换器（ADC）或具有数字输出接口的接收机，也可接到视频信号解码器。GPort 图形输入端口能接收每个时钟周期内具有单像素或双像素的 RGB、YPBPR、YCBCR、YUV 分量输入的数据信号。

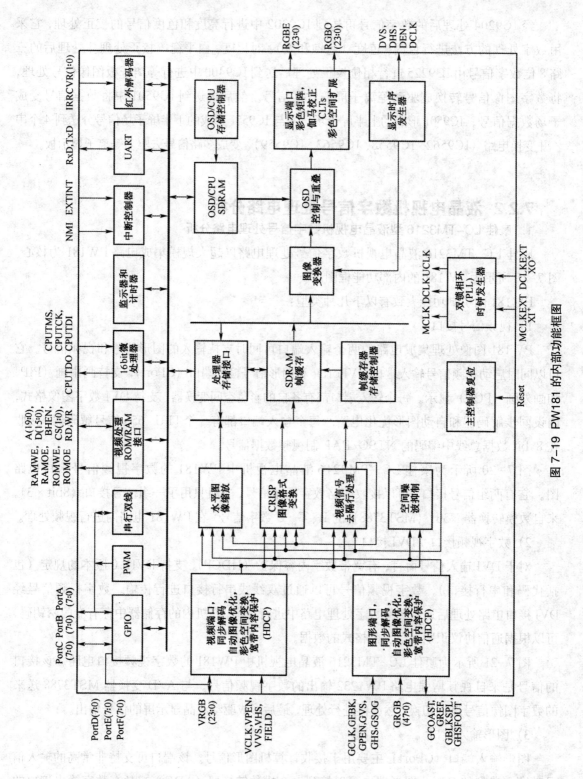

图 7-19 PW181 的内部功能框图

为了能够收集低成本的高速信号，GPort 图形输入端口支持半频取样。半频取样在两个连续帧信号中，通过每帧半个像素取样来获取完整的输入图像。GPort 图形输入端口支持与直流电平恢复有关的黑电平取样脉冲的锁相环（PLL）和锁相环跟踪的惯性控制。

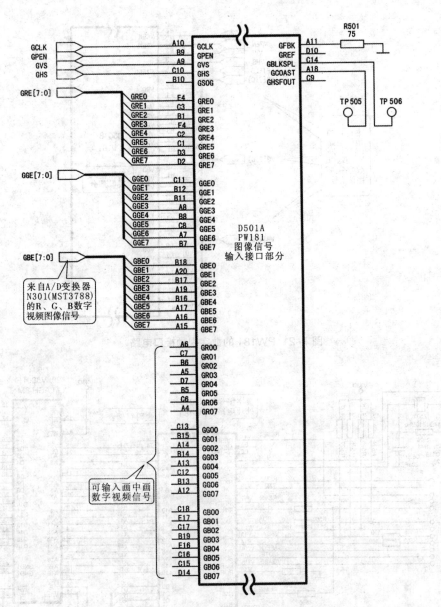

图 7-20 PW181 的视频信号接口电路图

这里需要说明的是，由于 PW181 的输入端口可以同时支持 RGB、YPBPR、YCBCR、YUV 分量信号输入，但信号处理电路只能按一种信号格式处理，因此必须通过彩色空间变换电路，把各种不同格式的输入信号，归一化为某种统一格式再进行处理。彩色空间变换电路利用一个可编程的矩阵系数为 3×3 的矩阵完成，并能够调整色调（色差信号的比例）和色饱和度（色差信号的幅度）。

4）存储器接口

图 7-22 所示为康佳 LC-TM3216 液晶电视机中 PW181 的存储器接口。PW181 的工作程序存储在程序存储器（FLASH-8M）之中。工作时，PW181 与程序存储器之间的数据和

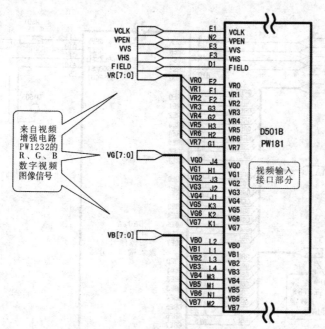

图 7-21 PW181 的数字视频接口电路

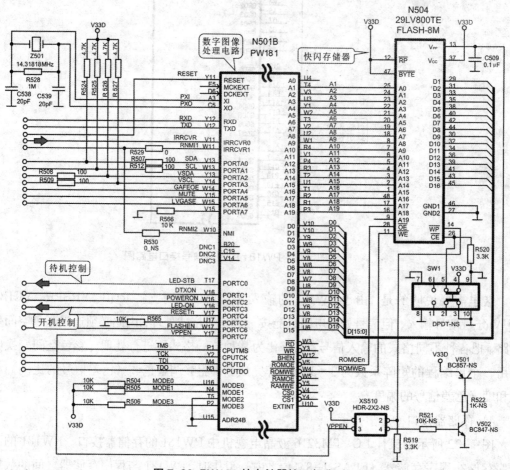

图 7-22 PW181 的存储器接口部分

地址信息通过该接口进行传输。此外，在它的外部还有一个快闪存储器。快闪存储器的主要作用是存储在图像处理的过程当中所需要的工作程序。

5）显示输出接口

图 7-23 所示为康佳 LC-TM3216 液晶电视机中 PW181 的显示输出接口部分，图像信号在 PW181 中进行处理后将 R、G、B 的驱动信号经过转换电路再送往液晶屏组件，转换电路主要是将数字图像的驱动信号转换成驱动液晶显示屏的控制信号，为液晶显示屏提供扫描信号、电源电压及显示驱动信号。

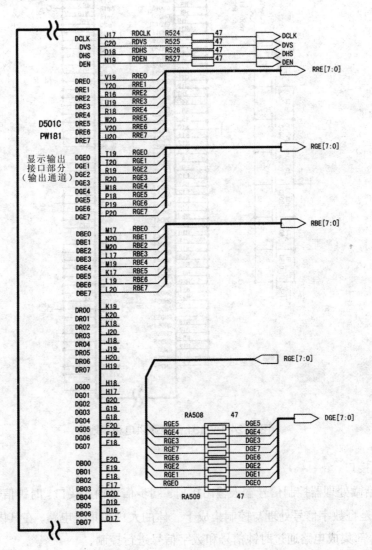

图 7-23 PW181 的显示输出接口部分

6）供电和接地端

图 7-24 所示为康佳 LC-TM3216 液晶电视机中 PW181 的电源供电和接地端。该集成电路需要 3.3 V、2.5 V 和 1.5 V 三种电压，而且电压的稳定性和电压值的精度都要求比较高。

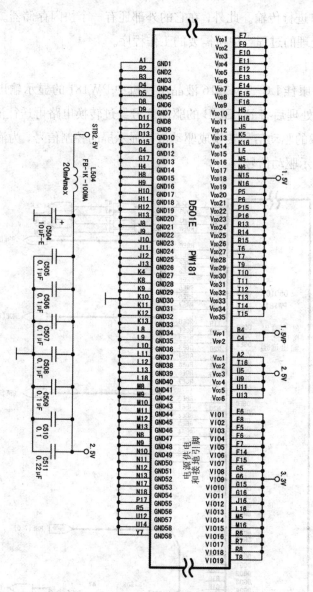

图 7-24 PW181 的电源供电和接地端

7）其他接口

主要包括微处理器控制信号输入输出接口、同步信号输入接口、时钟信号输入接口等。

PW181 是将数字信号处理与控制集成于一体的大规模集成电路，在其内部包含有微处理器，可以对外部集成电路通过时钟信号和数字信号进行控制。

输入的同步信号接口有：对视频信号进行处理的同步信号 VHS、VVS，对图形信号进行处理的同步信号 GHS、GVS 等。

输入的时钟信号有：视频处理时钟信号（VCLK）、图形处理时钟信号（GCLK）、锁相环时钟信号（MCLK），以及外部时钟晶体与 PW181 内部振荡电路产生的时钟信号（14.31818MHz）。

2. TCL-2026 型液晶电视机数字信号处理电路分析

① 平板图像处理芯片 JAG ASM 的特点。JAG ASM 是一片集成度高、功能强大的平板图像处理芯片。图 7-25 所示为 JAG ASM 的内部结构框图。它采用 388 脚的封装结构，以 3.3 V 和 2.5 V 双电压供电。其内部集成了功能强大的平板图像缩放处理器（SCALER）、5 路独立的输入前端（两路模拟输入接口，两路数字输入接口，一路 16 位视频信号输入接口）、3 通道 8 位 135 MHz ADC、SDRAM 控制器、PLL 时钟控制器，以及一些画质改善等增强功能模块。

JAG ASM 处理模拟和数字信号，1280×1024/75Hz 和 1024×768/85Hz 在内部 ADC 处理，外部 TMDS 支持 1600×1200/75Hz 和 1280×1024/85Hz。将 VGA 输入信号采用 3rd 产生缩放比例算法，变换比率 135 MSPS，经内部行同步电路产生时钟控制，得到 R、G、B 信号，使分辨率提高，图像更清晰。它支持全制式 AV 视频和输入格式为 4：2：2 的 YUV 输入，支持电脑接口：VGA、SXGA、UXGA、WUXGA，以及接收 CCIR601/656PAL 和 NTSC 制式输入，最终输出 VGA 和 UXGA 显示。

JAG ASM 的特点：135 MSPS 最大变换比率；双列模拟接口；0.5～1.0 V 输入控制范围；低时钟内置行同步产生电路；串行和并行接口；用于与 LCD 终端显示。

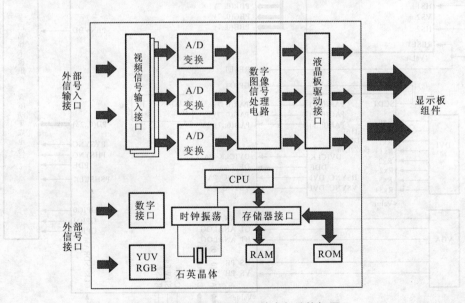

图 7-25 JAG ASM 的内部结构框图

② TCL-2026 型液晶电视机数字信号处理电路。

图 7-26 所示为 TCL-2026 液晶电视机数字信号处理电路。它是以功能强大的超大规模集成电路 JAG ASM 为核心组成的。

从图可见，JAG ASM 内部集成了 3 通道 8 位 135MHzADC，因此它可以和模拟输入直接连接，它提供的两路模拟输入接口，可同时输入两路模拟 VGA 信号。本机只使用了一路模拟输入接口来连接 VGA 信号输入。电视节目的视频信号经 A/D 变换器变换成数字视频信号后送给数字信号处理电路 FL12200，经处理后作为数字视频信号送到 JAG ASM 处理芯片；来自显卡的数字显示信号 DVI 经 Si1161 转成数字视频信号，再送到 JAG ASM 处理芯片中；还有 VGA 输入信号。这三种信号在芯片中经切换后进行数字处理，然后输出 48 路数字信号送到液晶板组件。芯片具有 CPU 接口，受 CPU 的控制。芯片还具有存储器（SDRAM）接口，对所处理的数据信号进行存取处理。除此之外还有同步信号，以及时钟振荡信号。

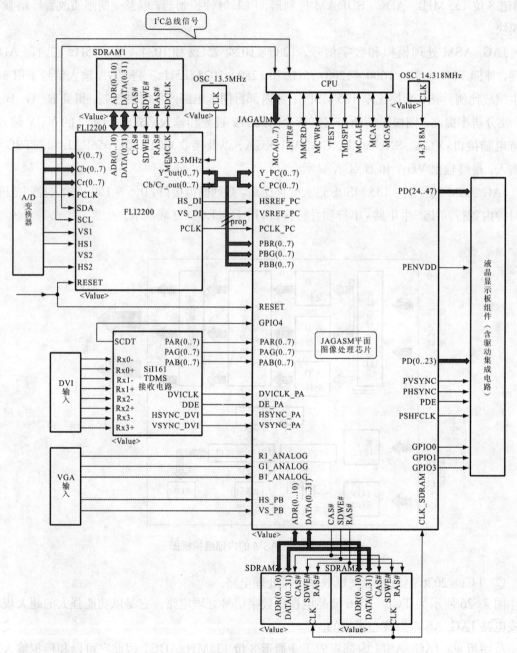

图 7-26 TCL-2026 液晶电视机数字信号处理电路

7.3 等离子、液晶电视机数字信号处理电路的检修方法

7.3.1 等离子电视机数字信号处理电路的检修方法

检修等离子电视机数字信号处理电路可按其基本的信号流程，对数字信号处理电路中的主要元件进行检测，例如视频解码器、数字视频处理器、数字图像处理器、等离子驱动信号输出电路等。下面以长虹 PT4206 型等离子电视机的数字信号处理电路为例，介绍其检修方法。

1. 视频解码器的检测

对于 A/D 解码器应重点检测其供电电压、时钟信号波形及输入、输出波形是否正常。

首先对视频解码器 U1（VPC3230D）的供电电压进行测量。VPC3230D 有两组供电电压，其中⑩脚、㉙脚、㊱脚、㊺脚、㊾脚为 +3.3 V 供电端，㊾脚、㊿脚、⑯脚为 +5 V 供电端。以检测⑩脚的 +3.3 V 供电电压为例，将万用表调至直流 10 V 挡，用黑表笔搭接接地端，用红表笔接触⑩脚，此时若万用表显示的数值为 3.3 V，则正常，如图 7-27 所示。

（a）检测方法　　（b）示数

图 7-27 视频解码器 U1 供电电压的检测

晶振信号是视频解码器 U1（VPC3230D）的标志性信号，若无，VPC3230D 无法正常工作。检测时，将示波器接地夹接地，用示波器的探头接触㉒脚或㉓脚，应能测得晶振信号的波形，如图 7-28 所示。

（a）检测方法　　（b）波形

图 7-28 视频解码器 U1 晶振信号的检测

由 AV 输入接口送来的视频信号，送到视频解码器 U1（VPC3230D）的(73)脚。检测 A/D 解码器输入信号时，可用示波器的接地夹接地端，用探头接触该脚即可测得输入模拟视频信号的波形，如图 7-29 所示。

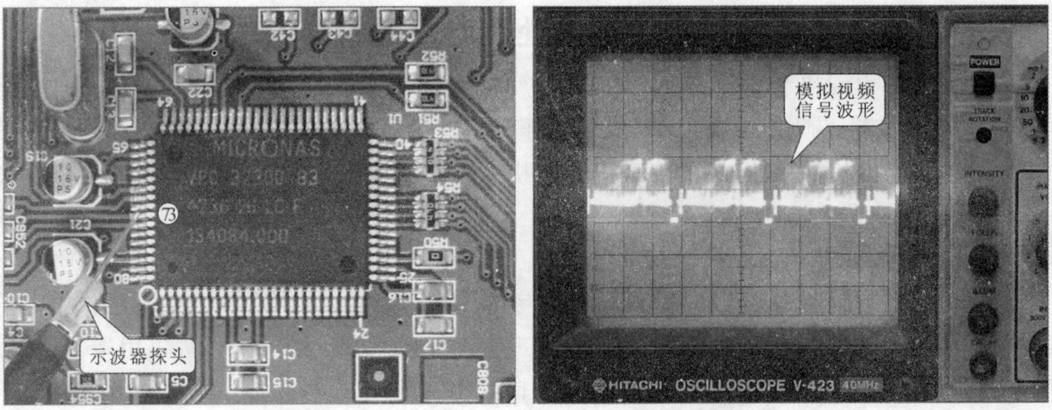

（a）检测方法　　（b）波形

图 7-29 视频解码器 U1 输入模拟视频信号的波形

模拟信号经内部电路处理后由㉛脚～㊵脚输出数字视频信号。当检测 A/D 解码器输出信号时，可用示波器探头分别搭接上述各引脚，即可测得数字视频信号的波形图 7-30 所示。

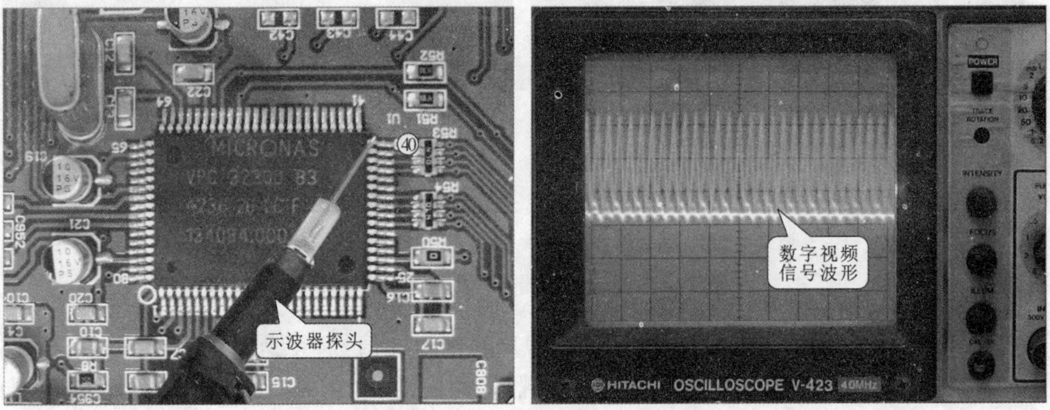

（a）检测方法　　（b）波形

图 7-30 视频解码器 U1 输出数字视频信号的波形

若视频解码器 U1（VPC3230D）的供电电压和输入的视频信号正常，而输出的视频信号不正常，则是 VPC3230D 本身损坏。

2. 数字视频处理器的检测

首先检测数字视频处理器 U3（PW1235）的供电电压。U3（PW1235）的⑤脚、㉞脚、(93)脚、(123)脚、(140)脚、(175)脚、(206)脚和(235)脚为 2.5 V 数字信号供电端，检测时，将万用表调至直流 10 V 挡，将黑表笔接接地端。红表笔分别接各供电端，正常情况下可以测得 +2.5 V 的供电电压，如图 7-31 所示。

【信息扩展】

PW1235 的⑭脚、㉙脚、㊷脚、(54)脚、(64)脚、(69)脚、(80)脚、(90)脚、(101)脚、(109)脚、(120)脚、(131)脚、(143)脚、(165)脚、

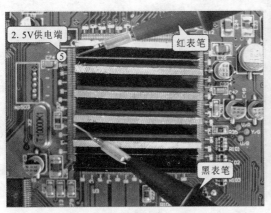

（a）检测方法　　　　　　　　　　　（b）示数

图 7-31 数字视频处理器 U3 供电电压的检测

⑩脚、⑳脚、㉘脚、㉖脚、㉔脚、㉚脚、㊲脚、㉝脚、㉔脚和 ㉘脚为 3.3V 数字 I/O 口电源端，其检测方法和 2.5V 供电的检测方法相同。

若供电电压正常，接下来可检测晶振波形，PW1235 的㊵脚、㊶脚外接晶体 X2，检测时用示波器的探头接触该引脚可测得晶振信号的波形，如图 7-32 所示。

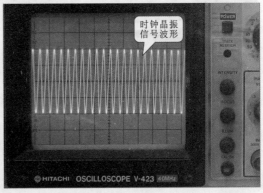

（a）检测方法　　　　　　　　　　　（b）波形

图 7-32 数字视频处理器 U3 昆振信号的检测

接着检测数字视频处理器 U3（PW1235）①脚~④脚、⑥脚~⑨脚输入的数字视频信号。其检测方法如图 7-33 所示，将示波器的接地脚接地，用探头分别接触①脚~④脚和⑥脚~⑨脚。若输入的视频信号不正常，则证明前级电路有故障；若输入的视频信号正常，则应检测 PW1235 输出的数字 R、G、B 信号。

检测数字视频处理器 U3（PW1235）处理后输出的 R、G、B 信号，其中数字 R 视频信号是由 PW1235 的 ㉜脚、㉝脚、㉟脚、㊱脚、㊳脚、㊴脚、㊷脚和 ㊹输出的，数字 G 视频信号是由 ⑳脚、㉒脚、㉔脚、㉕脚、㉗脚、㉘脚、㉙脚和 ㉚脚输出的，数字 B 视频信号是由 ⑩脚、⑪脚、⑬脚、⑭脚、⑯脚、⑰脚、⑱脚和 ⑲脚输出的。检测时用示波器的探头接触这些引脚时，可以测得输出的数字 R、G、B 信号波形，如图 7-34 所示。

若数字视频处理器 U3（PW1235）的供电电压和输入的视频信号正常，而输出的视频信号不正常，则可能是 PW1235 损坏。

（a）检测方法

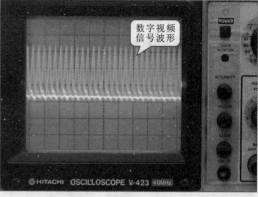
（b）波形

图 7-33 数字视频处理器 U3 输入视频信号的检测

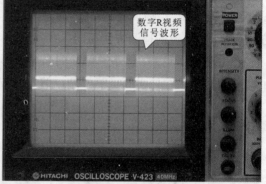

图 7-34 数字视频处理器 U3 输出数字 R、G、B 视频信号的检测

3. 数字图像处理器的检测

首先对数字图像处理器 U16（PW113）供电电压进行检测，正常的情况下，PW113 由两组供电电源分别供电，其中：⑯脚、㊲脚、㊕脚、㉘脚、⑰脚和 ⑱脚为 1.8 V 数字信号电压供电端；㉙脚、㊼脚、㊲脚、㊏脚、⑭脚、⑫脚、⑭脚、⑰脚和 ⑱脚为 3.3 V I/O 接口供电端。以 ⑯脚的 1.8 V 供电电压为例，其检测方法如图 7-35 所示。

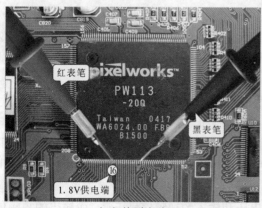
（a）检测方法

（b）示数

图 7-35 数字图像处理器 U16 供电电压的检测

 142

晶振信号是 PW113 的工作条件，若 PW131 各脚供电电压正常，接下来可检测振荡晶体的波形。PW113 的 ⑯脚和 ⑰脚外接晶体 X3，用示波器接触这两个引脚时可测得晶振信号的波形，如图 7-36 所示。

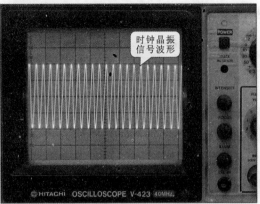

图 7-36 数字图像处理器 U16 晶振信号的检测

若晶振信号不正常，则可能是由于 PW113 本身或外接晶体损坏造成的。可以用替换法来判断晶体的好坏。具体方法是，首先将怀疑损坏的晶体 X3 拆下，然后用同型号晶体进行代换，若更换后电路仍无法正常工作，说明故障原因不在外接晶体。在供电电压和输入信号都正常的情况下，若无法正常输出 R、G、B 数字信号，则估计 PW113 本身已经损坏。

数字图像处理器 U16（PW113）接收由 PW1235 送来的数字 R、G、B 视频信号，其中 ㉑脚~㉗脚为数字 R 信号输入端，⑩脚~⑮脚、⑱脚、⑲脚为数字 G 信号输入端，②脚~⑨脚为数字 B 信号输入端。其信号波形应与 PW1235 输出的视频波形信号相同。

若输入的信号均正常，则应检测经 PW113 内部处理后输出的数字 R、G、B 像素数据是否正常。其中，㊱脚~⑩脚为数字红基色像素数据输出端，㊳脚~㊵脚为数字绿基色像素数据输出端，⑯脚~㊳脚为数字蓝基色像素数据输出端，用示波器检测时可测得上述引脚的波形，如图 7-37 所示。

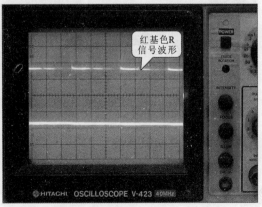

图 7-37 数字图像处理器 U16 输出数字 R、G、B 像素数据的检测

【要点提示】

此外，PW113 还输出 I²C 总线信号（时钟信号和数据信号）、地址总线和数据总线等信号，用来控制等离子电视机各部分的工作状态，以及与程序存储器交换信息，其信号波形及引脚如图 7-38 所示。其引脚波形的检测与其他引脚相同。

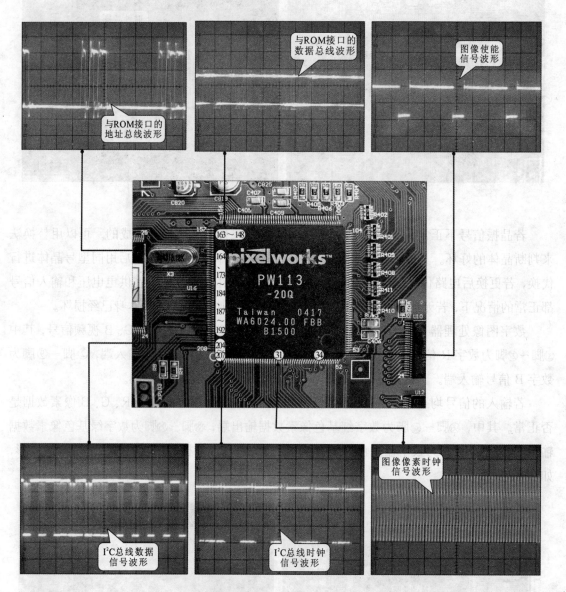

图 7-38 PW113 I²C 总线信号输出脚及其他引脚的信号波形

4. 等离子驱动信号输出电路的检测

首先检测等离子驱动信号输出电路 U22（DS90C383）的供电电压。其①脚、⑨脚、㉖脚、㉞脚和㊹脚为 +3.3 V 供电端，检测方法如图 7-39 所示。

若供电电压正常，接下来应检测 U22（DS90C383）数字 R、G、B 基色数据信号输入端波形。

（a）检测方法   （b）示数

图7-39 等离子驱动信号输出电路 U22 供电电压的检测

DS90C383 的②脚、③脚、㊿脚、㉑脚、㉒脚、㉔脚、㉕脚、㉖脚为数字红基色数据信号输入端；④脚、⑥脚、⑦脚、⑪脚、⑫脚、⑭脚、⑧脚、⑩脚为数字绿基色数据信号输入端；⑮脚、⑲脚、⑳脚、㉒脚、㉓脚、㉔脚、⑱脚、⑯脚为数字蓝基色数据信号输入端，其检测波形应同 PW113 输出的波形相同。

若检测的数字 R、G、B 基色数据信号正常，则应检测 DS90C383 输出的四路 LVDS 驱动信号，用示波器的探头接触㊲脚、㊳脚、㊶脚、㊷脚、㊺脚、㊻脚、㊼脚和㊽脚，可以测得 LVDS 驱动信号的波形，如图 7-40 所示。

（a）检测方法   （b）波形

图7-40 等离子驱动信号输出电路 U22 输出 LVDS 驱动信号的检测

若等离子驱动信号输出电路 U22（DS90C383）输入信号和供电电压都正常，输出的 LVDS 数据信号不正常，则证明 DS90C383 已经损坏。

7.3.2 液晶电视机数字信号处理电路的检修方法

检修液晶电视机数字信号处理电路可按其基本的信号流程，对数字信号处理电路中的主要元件进行检测，例如视频解码器、数字视频处理器、图像存储器等。

下面以厦华 LC-32U25 型液晶电视机的数字信号处理电路为例，介绍其检测方法。

1. 视频解码器的检测

首先对视频解码器 N601（TVP5147M1）的 3.3 V 和 1.8 V 供电电压进行检测。检测时可将万用表调至直流 10 V 电压挡，将黑表笔搭接接地端，红表笔分别搭接供电端的各引脚上（以④脚和⑪脚为例），如图 7-41 所示。

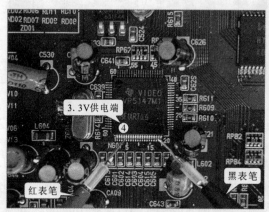

（a）检测 3.3 V 供电端

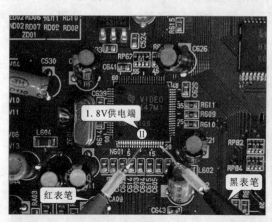

（b）检测 1.8 V 供电端

图 7-41 视频解码器 N601 供电电压的检测

若供电电压均正常，接着对视频解码器 N601（TVP5147M1）的时钟晶振信号进行检测。检测时将示波器接地夹接地，用探头搭接视频解码器 U601（TVP5147M）的㉔和㉕脚，如图 7-42 所示，若无该波形，则可能是晶体或视频解码器损坏。

再接下来对视频解码器 N601（TVP5147M1）⑦脚输入的模拟视频信号进行检测（以 AV 接口输入标准彩条测试信号为例），如图 7-43 所示。

最后对视频解码器 N601（TVP5147M1）输出的数字分量视频信号进行检测（以㊸脚为例），如图 7-44 所示。在供电电压和输入信号正常的情况下，若视频解码器 N601 无输出，则可能是视频解码器本身损坏。

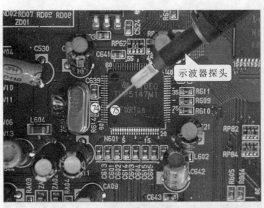
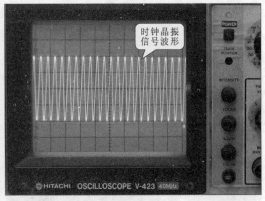

（a）检测方法　　　　　　　　　　　　　　（b）波形

图 7-42 视频解码器 N601 时钟晶振信号的检测

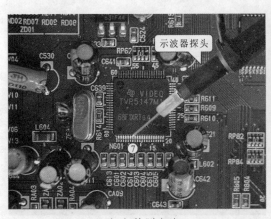
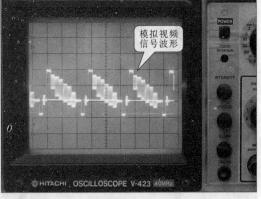

（a）检测方法　　　　　　　　　　　　　　（b）波形

图 7-43 视频解码器 N601 输入模拟视频信号的检测

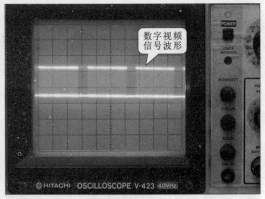

图 7-44 视频解码器 N601 输出数字视频信号的检测方法

2. 数字视频处理器的检测

　　首先对数字视频处理器 N101（MST6151）的 3.3 V 和 1.8 V 供电电压进行检测。检测时可使用万用表的直流 10 V 电压挡，其检测方法分别以 N101 ④脚的 3.3 V 和 ㊾脚的 1.8 V

供电电压为例，如图 7-45 所示。

（a）3.3V 电压端检测（以④脚为例）

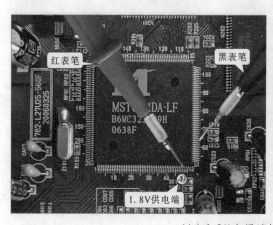

（b）1.8V 电压端检测（以㊸脚为例）

图 7-45　数字视频处理器 N101 供电电压的检测

　　若供电电压均正常，接下来使用示波器对数字视频处理器 N101（MST6151）的㉑脚和㉒脚或晶体 Z101 引脚端的时钟晶振信号进行检测，如图 7-46 所示。

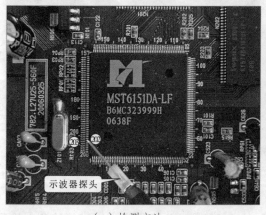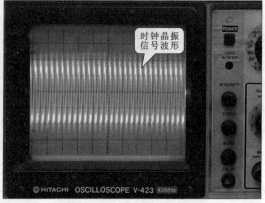

（a）检测方法　　　　　　　　　　（b）波形

图 7-46　数字视频处理器 N101 时钟晶振信号的检测

再接下来对数字视频处理器 N101（MST6151）输入的视频信号进行检测，该信号可在 N101 的㉝脚～㉮脚上测得。在这里仅以视频解码器 N601 的㉝脚输入的数字分量视频信号为例，如图 7-47 所示。

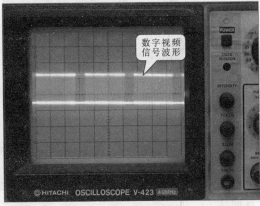

（a）检测方法 （b）波形

图 7-47 数字视频处理器 N101 输入视频信号的检测（以㉝输入的信号为例）

最后对数字视频处理器 N101 输出的 LVDS 驱动信号进行检测，该信号可在 N101 的㉰脚、㉯脚、㉴脚～㉷脚上测得，如图 7-48 所示。在供电电压、时钟晶振信号和输入视频信号均正常的情况下，若无 LVDS 驱动信号输出，或输出的波形不正常，则可能是 N101 本身损坏。

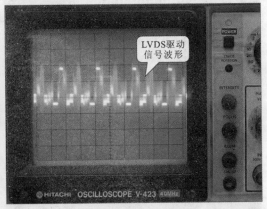

（a）检测方法 （b）波形

图 7-48 数字视频处理器 N101 输出 LVDS 驱动信号的检测

3. 图像存储器的检测

图像存储器 N201 和 N202 均使用 HY57V641620ETP 型芯片。首先对图像存储器 HY57V641620ETP 的 3.3 V 供电电压进行检测。其检测方法（以①脚为例）如图 7-49 所示。

若供电电压正常，接下来对图像存储器 HY57V641620ETP 的地址总线信号和数据总线信号进行检测。这里以㉓脚的地址总线信号和②脚的数据总线信号检测为例，如图 7-50 所示。

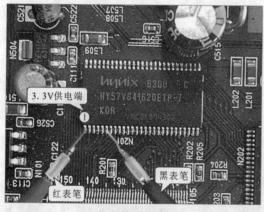

（a）检测方法 　　　　　　　　　（b）示数

图 7-49 图像存储器 HY57V641620ETP 供电电压的检测

若 HY57V641620ETP 的供电电压正常，地址总线或总线信号不正常，则可能是图像存储器本身损坏。

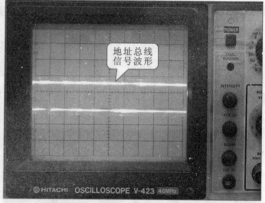

（a）地址总线信号检测（以㉓脚信号为例）

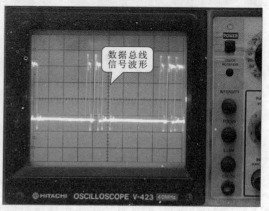

（b）数据信号检测（以②脚信号为例）

图 7-50 图像存储器 HY57V641620ETP 的检测

第 8 章

等离子、液晶电视机系统控制电路的故障检修

8.1 等离子、液晶电视机系统控制电路的结构特点

等离子和液晶电视机整机的控制电路一般采用 I^2C 总线的控制方式。具体的电路结构主要有两种类型：一种采用独立的微处理器进行控制；另一种则将微处理器与数字信号处理芯片集成在一起进行控制。为此开发出来很多型号的微处理器芯片，这些芯片各具特色。

8.1.1 等离子电视机系统控制电路的结构特点

图 8-1 所示为等离子电视机系统控制电路的功能示意图。从图中可见，等离子电视机的系统控制电路是先将人工按键输入的指令或遥控器送来的指令，转变为控制信号，再通过数

据总线送到其他的电路中进行控制。由此可知，等离子电视机的系统控制电路中主要是由操作显示电路和控制电路构成的。

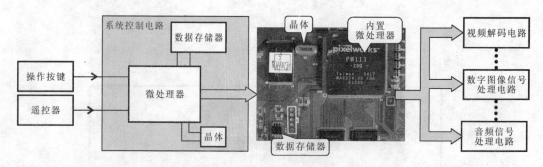

图 8-1　等离子电视机系统控制电路的功能示意图

1. 操作显示电路

操作显示电路用于输入和接收控制等离子电视机的人工指令，并指示电视机的工作状态。该电路主要由操作按键、指示灯和遥控信号接收器构成。图 8-2 所示为等离子电视机中操作显示电路的实物外形。其中：操作按键包括开机 / 待机键、TV/AV 键、菜单键、音量（＋、－）键以及节目（＋、－）键等，通过按键输入相应的人工指令；指示灯通常为电视机的电源指示灯，用于指示电视机处于开机、待机状态；遥控信号接收器则用于接收遥控发射器送来的人工控制指令。

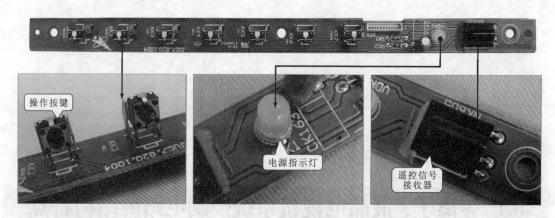

图 8-2　操作显示电路的实物外形

2. 控制电路

控制电路主要是用来对操作显示电路送来的信号进行识别处理，然后根据程序输出控制信号，对相关电路进行控制。该电路主要是由微处理器、数据存储器和晶体构成。

1）微处理器芯片

在系统控制电路中，微处理器芯片是核心部件。它主要用于对等离子电视机的工作状态进行控制，各单元电路的参数调整也是由微处理器进行控制的。图 8-3 所示为微处理器 TSC80251G2D 的实物外形。

由于集成电路的集成度越来越高，在等离子电视机中微处理器大多集成到数字图像信号处理电路的内部，直接由数字图像处理电路接收人工指令，并输出各路控制信号，图 8-4 所示为集成了微处理器的数字图像处理电路 PW113。

图 8-3　微处理器 TSC80251G2D 的实物外形

图 8-4　集成了微处理器的数字图像处理电路 PW113

2）数据存储器

系统控制电路中的数据存储器主要是用来存储等离子电视机中的频道、频段、音量以及色度和对比度等信息，图 8-5 所示为数据存储器的实物外形。

3）晶体

晶体在系统控制电路中，主要是用来提供晶振信号使微处理器能正常地工作。图 8-6 所示为外接晶体的实物外形。

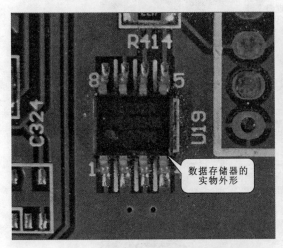

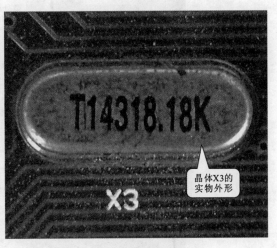

图 8-5　典型长虹等离子电视机中的数据存储器 U3
的实物外形

图 8-6　外接晶体的实物外形

图 8-7 为长虹等离子电视机典型系统控制电路结构。

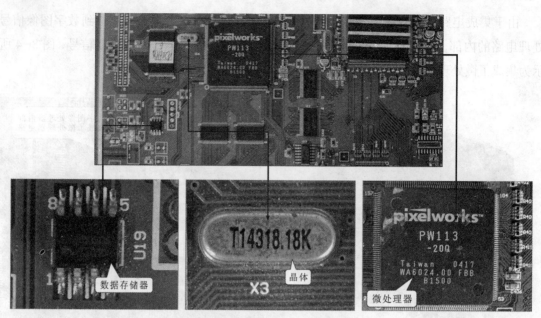

图 8-7 典型等离子电视机控制电路的结构

8.1.2 液晶电视机系统控制电路的结构特点

液晶电视机系统控制电路是整个液晶电视机的核心，通过系统控制电路使各个电路有序工作。液晶电视机显示视频、图像信息，发出声音信号，都是根据输入的人工指令，在系统控制电路控制下实现的。图 8-8 为典型液晶电视机的系统控制电路。从图可看出液晶电视机的系统控制电路主要由微处理器、谐振晶体、用户存储器、程序存储器、控制按键及其他外围元器件构成。

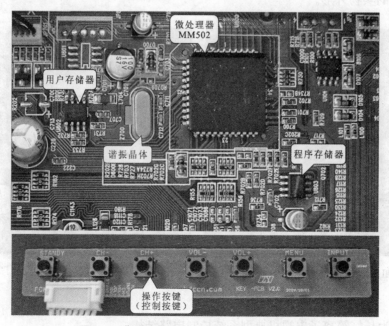

图 8-8 典型液晶电视机系统控制电路的结构

1. 微处理器

微处理器主要用来接收由遥控器或操作按键送来的人工指令，并根据内部程序和数据信息将这些指令信息变为控制各单元电路的控制信号，然后送往开关电源、调谐器、音频信号处理电路和视频信号处理电路中微处理器 MM502 外形如图 8-9 所示。

2. 存储器

存储器是用来存储液晶电视机的频道、频段以及音量等数据信息的集成电路，并将存储的信息通过 I^2C 总线进行调用。存储器外形如图 8-10 所示。

图 8-9 微处理器 MM502

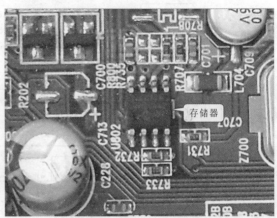

图 8-10 存储器外形

3. 谐振晶体

谐振晶体与微处理器内部的电路组成时钟电路，用于产生所需的晶振信号，它是微处理器芯片正常工作的前提条件。谐振晶体外形如图 8-11 所示。

【要点提示】

随着液晶电视机电路的集成度越来越高，有些液晶电视机将系统控制电路集成在了数字图像处理器的内部，制成了超大规模的集成电路，具备两者的功能。这样不仅使外围电路得以简化，还提高了液晶电视机的可靠性，并减小了发生故障的概率。集成微处理器的数字图像信号处理芯片如图 8-12 所示。

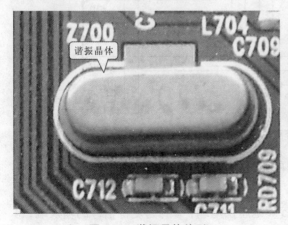

图 8-11 谐振晶体外形

图 8-12 集成微处理器的数字图像处理芯片

8.2 等离子、液晶电视机系统控制电路分析

8.2.1 等离子电视机系统控制电路分析

1. 厦华 PS-42K8 型等离子电视机系统控制电路分析

图 8-13 所示为厦华 PS-42K8 型等离子电视机的系统控制电路。

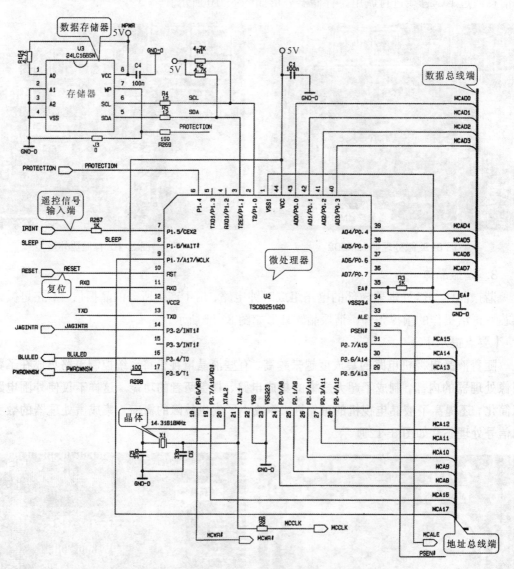

图 8-13 厦华 PS-42K8 型等离子电视机的系统控制电路

通过上图可知，该机中系统控制电路采用的微处理器型号为 TSC80251G2D，其外部设置有晶体 X1，数据存储器 U3 等元件。

微处理器 TSC80251G2D 的⑫脚、⑭脚为 +5 V 电压供电端；⑩脚为复位信号的输入端；⑳脚、㉑脚外接 14.318 MHz 的晶体 X1，为微处理器提供时钟晶振信号。

供电电压、复位信号和晶振信号为微处理器提供基本的工作条件，微处理器的⑦脚接收由遥控器送来的遥控信号，微处理器按设定的工作程序，将人工按键或遥控器送来的人工指令转换为控制信号，由 I²C 总线送往其他电路进行控制。

【信息扩展】

对于微处理器集成在数字图像处理电路中的等离子电视机，分析信号流程时，可先找到关键的器件，再依据关键器件的引脚功能找出信号的走向。图 8-14 所示为长虹 PT4206 型等离子电视机的系统控制电路。

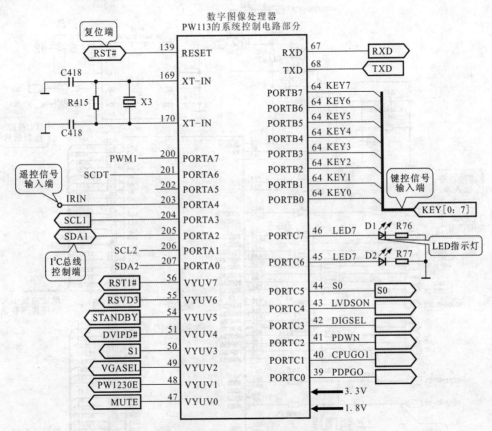

图 8-14 长虹 PT4206 型等离子电视机的系统控制电路

该机中的微处理器集成在数字图像处理器 PW113 的内部。由图可知，该电路中的⑳脚接收由遥控器送来的遥控信号，⑭脚接收人工指令的键控信号，这些信号经内部电路处理后，由⑳脚和⑳脚输出 I²C 总线信号，实现对相关电路的控制。

该电路中的⑯脚、㉗脚、㉕脚、㉔脚、㉝脚和㉟脚是图像处理器供电引脚，⑭脚为复位信号的输入端，⑯脚和⑰脚为外接晶体 X3 的引脚，该晶振电路为数字图像处理芯片提供时钟信号。这些信号为微处理器电路的工作提供前提条件。

2. 厦华 PS-42T6 型等离子电视机系统控制电路分析

厦华 PS-42T6 型等离子电视机的系统控制电路包括微处理器、存储器 N401（ATMEGABL）及振荡晶体 G401 三部分。该电路的微处理器集成到数字图像处理器芯片

N602（PW218）中。

图 8-15 所示为厦华 PS-42T6 型等离子电视机系统控制电路。

系统控制电路中的晶体 G401 产生 14.31818 MHz 的信号经 N7 端和 V7 端送入微处理器中，提供时钟晶振信号。遥控信号经 R469、R428 后由 AB13 端送入微处理器内部进行处理。操作按键信号分别经 R429 和 R430 后，由 AA6 和 V5 端送入微处理器内部进行处理。由 Y9 和 AB11 端送出 I²C 总线控制信号，对相应的电路进行控制。

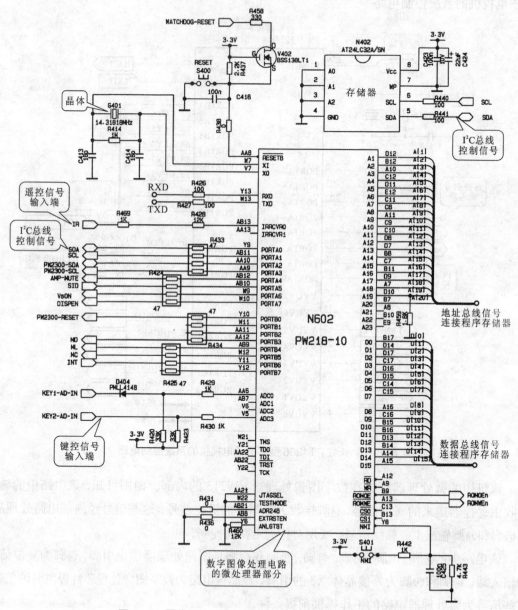

图 8-15 厦华 PS-42T6 型等离子电视机系统控制电路

此外，在系统控制电路中还设有辅助微处理器 N401，如图 8-16 所示。它主要用来实现开机／待机等功能。

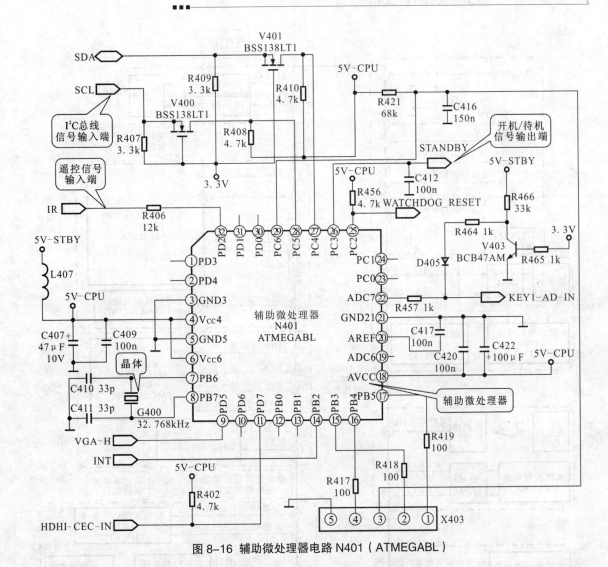

图 8-16　辅助微处理器电路 N401（ATMEGABL）

辅助微处理器 N401 的④脚为 5 V 供电端；⑦脚和⑧脚连接 32.768 kHz 晶体 G400，用以产生待机状态的时钟信号，使辅助微处理器电路能正常工作；㉜脚是用来接收由遥控器送来的遥控信号，辅助微处理器电路收到该信号后经识别和处理后将控制信号送到主微处理器部分；㉖脚用来输出开机或是待机信号，使整机做出相应的操作。

8.2.2　液晶电视机系统控制电路分析

1. 长虹 LT3788 型液晶电视机系统控制电路分析

如图 8-17 所示为长虹 LT3788 型液晶电视机系统控制电路的信号流程。

由图可知，微处理器 MM502 的供电电压有两组，分别为④脚的 +3.3 V 供电电压和⑧脚的 +5 V 供电电压。晶体 Z700 与微处理器内部的时钟电路构成时钟振荡电路，为微处理器提供时钟振荡信号。MM502 的⑦脚为复位信号输入端，常态为高电平，开机瞬间低电平复位，将微处理器内部的程序复位或数据进行清零。

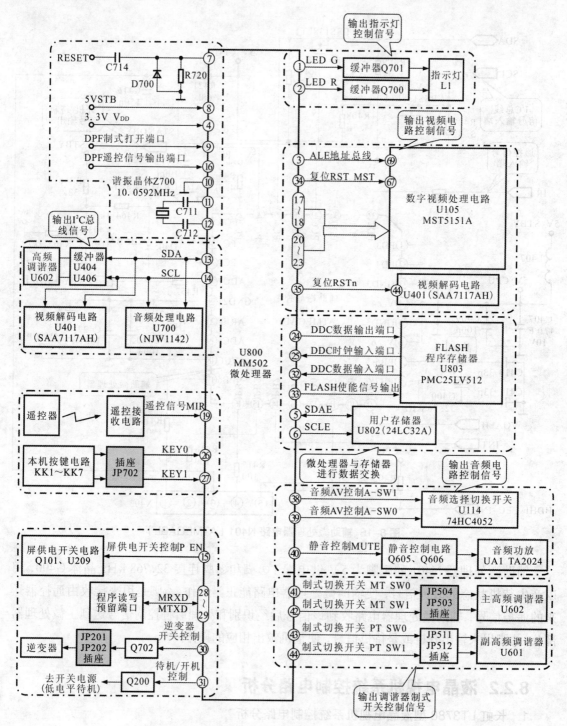

图 8-17 LT3788 液晶电视机系统控制电路的信号流程

用户存储器 U802（24LC32A）和程序存储器 U803（PMC25LV512）主要用来存储该液晶电视机的频段、频道、音量、制式、亮度、对比度以及版本等信息，在开机时通过 I^2C 总线进行调用。

用户通过人工指令键（㉖脚、㉗脚）或遥控接收信号（⑲脚）为微处理器输送人工指令，微处理器通过对指令的识别，主要通过 I^2C 总线输出控制信号，送往音频、视频处理电路或其他电路并进行控制。

　　MM502 的①脚、②脚为指示灯控制端。其中：①脚为绿色指示灯控制；②脚为红色指示灯控制。当电视机处于待机状态时，②脚输出 3.3 V 高电平，①脚输出 0 V 低电平，此时红色指示灯亮，绿色指示灯不亮；当按下开机键或遥控开机时，②脚输出 0 V 低电平，①脚输出 3.3 V 高电平，此时红色指示灯熄灭，绿色指示灯被点亮。

　　当电视机进入开机状态时，微处理的㉟脚输出低电平，经反相放大后输出到逆变器驱动电路，驱动逆变器进入工作状态，将 24 V 电压变成几千赫兹的交流高压，为背光灯供电，液晶显示屏被点亮。

　　【要点提示】

　　数字图像处理器 PW1306 是一款液晶电视机常用的数字图像处理芯片。其内部集成了系统控制电路的微处理器，使外部电路简化。数字图像处理器开始工作后，内部的微处理器控制电路同时工作通过 I^2C 总线输出开机、待机、音量控制等不同的控制信号，并通过地址总线和数据总线与存储器进行信息交换。图 8-18 所示为数字图像处理器中的系统控制电路的信号流程。

　　2. 康佳 LC32AS28 型液晶电视机系统控制电路分析

　　图 8-19 所示为康佳 LC32AS28 液晶电视机的系统控制电路。该电路的微处理器芯片 N001（W79E632）是整个液晶电视机的控制核心，控制着整个液晶电视机的正常工作。

　　由图可见，由电源送来的 5 V 电压送入微处理器的㊹脚，为其提供工作电压。微处理器的⑩脚为复位信号输入端。微处理器⑳脚、㉑脚外接 22.1184 MHz 的晶体 Z001，与内部的振荡电路产生微处理器所需的时钟振荡信号。

　　存储器 N002（24C16）主要用于存储该电视机有关频段、频道、音量等数据信息。当电视机开机时，微处理器 N001（W79E632）通过⑯脚、⑰脚从存储器中调用所存储的数据信息。正常情况下，微处理器会根据外界输入指令在调谐频道、频段、音量、对比度等项数据信息调整完成后，微处理器会自动将这些数据存到存储器之中。电视机所用的数据存储器 N002（24C16）即使关断电源，存在其中的数据也可以半永久性保存。当液晶电视机再次开机工作时，微处理器将存储器中存储的数据取出，变成各种控制信号送到调谐器，TV 解调和音、视频电路。如果用户需要进行修改，修改后再存入存储器中，所改的数据会自动取代原来的数据。

　　用户的指令通过电视机面板上的按键或遥控器的按键传送，电视机面板上设有 7 个并行按键 Key0 ~ Key6，分别加到微处理器 N001（W79E632）的㉔脚 ~ ㉚脚，而遥控指令则加到⑭脚。遥控指令能否执行、已经执行或不需执行，需要由视频／音频处理器以及图像控制器来判断，并由它们发出中断信号，加到微处理器 N001（W79E632）的⑮脚。

【要点提示】

PW181 是一款液晶电视机常用的数字图像处理芯片。它是一种超大型集成电路，在其内部集成了液晶电视机系统控制电路的微处理器。图 8-20 所示为集成在数字图像处理器 PW181 中的系统控制电路。供电电压、复位信号、时钟信号为数字图像处理器中的微处理器提供工作条件，数字图像处理器工作后，微处理器接收由操作按键送来的人工指令信息，并根据人工指令信号将 I²C 总线控制信号送入不同的单元电路中，同时微处理器与存储器之间通过地址总线与数据总线进行信号的传输。

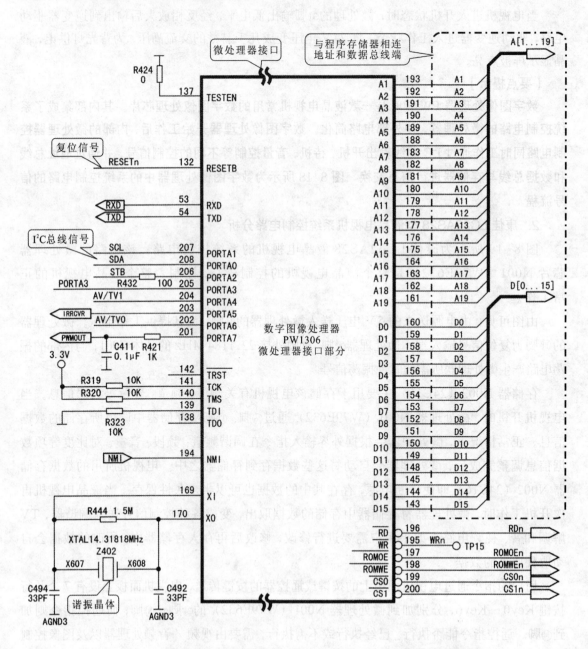

图 8-18 集成在数字图像处理器 PW1306 中的系统控制电路的信号流程

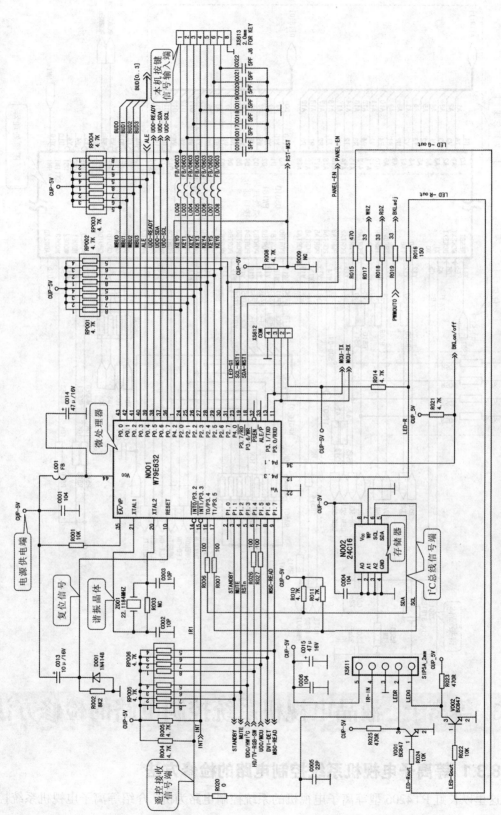

图 8-19 康佳 LC32AS28 液晶电视机的系统控制电路

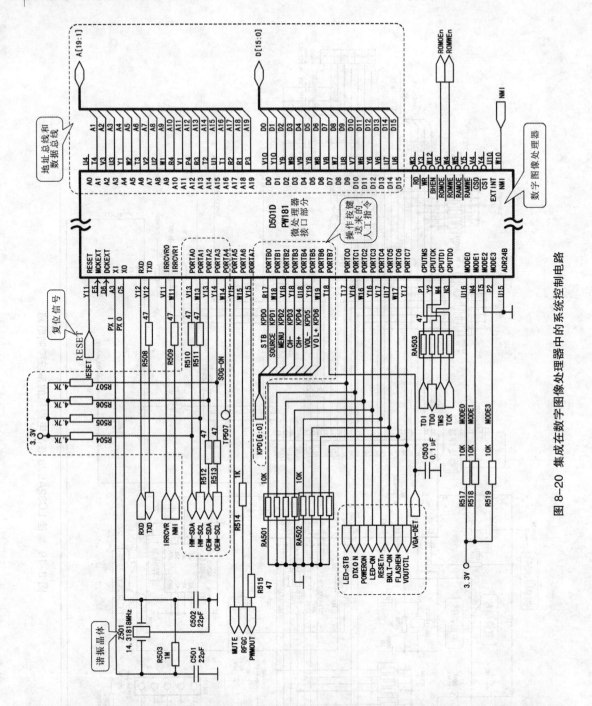

图 8-20 集成在数字图像处理器中的系统控制电路

8.3 等离子、液晶电视机系统控制电路的检修方法

8.3.1 等离子电视机系统控制电路的检修方法

这里以长虹 PT4206 型等离子电视机的系统控制电路为例，介绍等离子电视机系统控制电路的检修方法。

通常，对等离子系统控制电路进行检修时应先查看并检查遥控输入和人工操作按键的输入是否正常，然后检测系统控制电路相关引脚的电压和信号是否正常，最后检测关键元器件本身是否正常。

1. 输入部件的检测

检测系统控制电路前，应先对外部指令输入部件进行检测，即检测遥控输入和按键输入是否正常。检测主要包括两项内容：其一是检查操作按键电路板中各引脚是否有脱焊、虚焊等现象；其二是检测输入的控制信号是否正常。输入部件的检测方法如图 8-21 所示。

（a）检查操作按键电路板是否完好

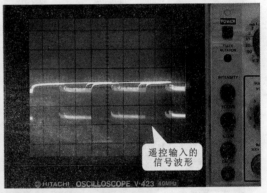

（b）检测输入的控制信号是否正常

图 8-21 输入部件的检测

在操作遥控器按键时，使用示波器可以在微处理器的控制信号输入端检测出控制输入的信号波形。

2. 系统控制电路工作条件的检测

系统控制电路的工作条件，主要指供电电压、复位信号和时钟信号。若输入的信号正常，应继续检测微处理器的供电电压、复位信号和时钟信号等是否正常。该微处理器有两组供电电压，分别为 1.8 V 和 3.3 V；当检测复位信号时，在开机瞬间应有一个高低电压的变化；使用示波器检测晶体的输入信号时，应有一个时钟信号的波形。如果发现其中某一信号不正常，则应对该信号的前级电路进行检测。

系统控制电路工作条件的检测如图 8-22 所示。

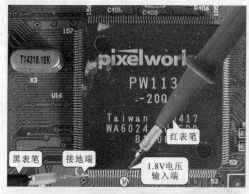

（a）微处理器 1.8V 供电电压的检测

（b）微处理器 3.3V 供电电压的检测

（c）微处理器复位信号的检测

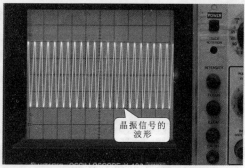

（d）微处理器时钟信号的检测

图 8-22 系统控制电路工作条件的检测

3. 微处理器的检测方法

微处理器是系统控制电路的核心,其损坏将无法输出正常的控制信号,进而导致各个单元电路无法正常工作。检测时,在输入部件及工作条件均正常的情况下,应检测微处理器引脚输出的控制信号是否正常。

微处理器输出的控制信号主要是I^2C总线的时钟信号和数据信号。检测时,先将示波器的接地夹接地,然后使用示波器的探头接触⑳脚和⑳脚。正常情况下,应检测出I^2C总线控制端的数据信号和时钟信号的波形。若检测时没有信号波形输出,则可能是该微处理器本身损坏,应以同型号的微处理器进行更换。

微处理器的检测如图8-23所示。

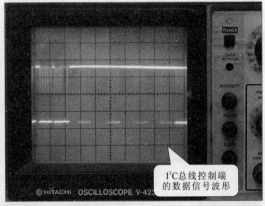

（a）数据信号的检测

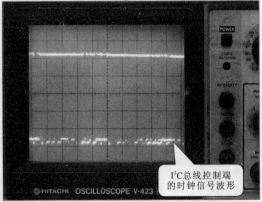

（b）时钟信号的检测

图8-23 微处理器控制信号的检测

8.3.2 液晶电视机系统控制电路的检修方法

液晶电视机系统控制电路出现故障时,应先观察和检测操作按键是否失灵。若损坏,需更换;若正常,则需通过各种相关信号的检测判断液晶电视机系统控制电路的故障所在。检测时需借助万用表和示波器等检测工具进行。

下面,以长虹LT3788型液晶电视机为例,介绍液晶电视机系统控制电路的检修方法。

1. 微处理器工作条件的检修

检测微处理器的工作条件应使用万用表或示波器,检测微处理器的供电电压、复位信号和时钟信号是否正常。若其中某一信号不正常,则应对该信号的前级电路进行检测。

微处理器 3.3V 供电电压的检测方法如图 8-24(a)所示。将万用表的黑表笔搭在微处理器芯片接地端⑩脚,红表笔搭在电源输入端④脚,检测微处理的供电电压是否正常。

检测微处理器 5V 供电电压的方法如图 8-24(b)所示。将万用表的黑表笔搭在微处理器芯片接地端⑩脚,红表笔搭在电源输入端⑧脚,检测微处理的供电电压是否正常。

（a）3.3V 供电电压的检测

（b）5V 供电电压的检测

图 8-24 微处理器供电电压的检测

微处理器复位信号的检测方法如图 8-25 所示。将万用表的黑表笔搭接在微处理器芯片接地端⑩脚,红表笔搭接在复位信号端⑦脚,检测微处理的复位信号是否正常。正常情况下,在开／关时⑦脚电压应有高／低的变化。

微处理器时钟信号的检测方法如图 8-26 所示。将示波器探头分别搭接在微处理器的晶振信号端（⑪脚和⑫脚）,接地夹接地,检测微处理器的晶振信号是否正常。

【要点提示】

若发现微处理器的时钟信号不正常,则应对谐振晶体或微处理器内部振荡电路进行检测。

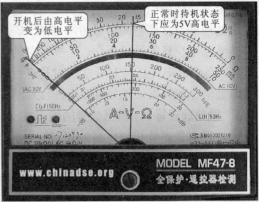

图 8-25　微处理器复位信号的检测

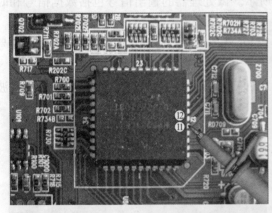
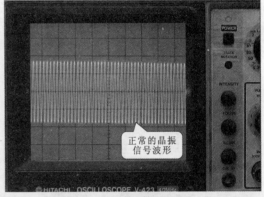

图 8-26　微处理器时钟信号的检测

图 8-27 所示为谐振晶体的检测方法。在断电情况下，将万用表的两表笔分别搭在谐振晶振背部的两个引脚端，检测谐振晶振本身是否损坏。

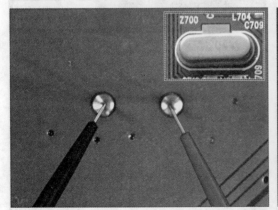

图 8-27　谐振晶体的检测

2.　存储器的检测

液晶电视机系统控制电路中的存储器包括用户存储器和程序存储器。用户存储器是用来存储频道、频段以及音量等信息的芯片，在开机时通过 I^2C 总线将存储器中的用户信息进行调用。若其损坏将引起液晶电视机出现不能存储电视节目的故障。对其进行检修时，可通过检测微处理器与存储器的信号传输端的 I²C 总线控制信号是否正常进行判断。程序存储器用于存储液晶电视机的预设程序，这些程序是生产企业在电视机出厂时拷贝到存储器中的。若其损坏，会造成电视机控制异常。对其进行检修时，可通过检测微处理器与存储器信号传输端的地址信号和数据信号是否正常进行判断。

3. 微处理器输入 / 输出信号的检测

微处理器是系统控制电路的控制核心。若其损坏，将无法输出正常的控制信号，进而导致相应的被控单元电路无法正常工作，从而引起液晶电视机出现不开机、控制混乱等故障现象。检修时，首先检测微处理器的输入信号是否正常。若输入信号正常，微处理器的工作条件也正常，若无控制信号输出，则说明微处理器芯片损坏，需要对其进行更换。

微处理器输出信号的检测方法如图 8-28 所示。微处理器的输出信号包括数据信号和时钟信号。

将示波器接地夹接地，探头搭在微处理器 I²C 总线的数据信号输出端⑬脚，检测数据信号波形是否正常，如图 8-28（a）所示。

将示波器接地夹接地，探头搭在微处理器 I²C 总线时钟信号输出端⑭脚，检测时钟信号波形是否正常，如图 8-28（b）所示。

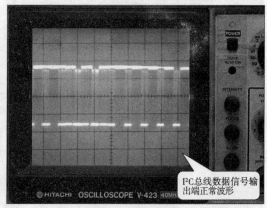

I²C总线数据信号输出端正常波形

（a）数据信号的检测

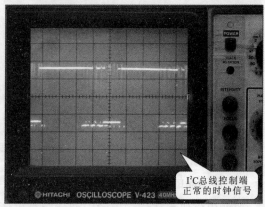

I²C总线控制端正常的时钟信号

（b）时钟信号的检测

图 8-28 微处理器输出控制信号的检测

微处理器输入的信号主要是指由遥控器输入的遥控信号和由电视机操作按键输入的按键信号，如图 8-29 所示。检测由本机按键电路送来的按键信号时，可一边操作按键，一边用万用表检测键控信号输入端㉖脚或㉗脚电压，正常情况下应有电压值的变化。

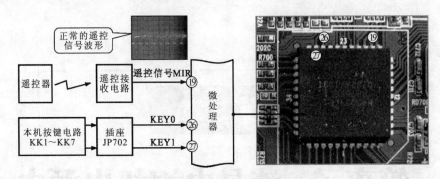

图 8-29　微处理器控制信号输入端

第 9 章

等离子、液晶电视机电源电路的故障检修

9.1 等离子、液晶电视机电源电路的结构特点

电源电路是将交流 220 V 市电变成电视机各单元电路及部件所需直流电压的电路。由于等离子显示屏及相关电路需要的直流电压的数量和电压值与液晶电视机有很多不同，因此等离子电视机和液晶电视机的电源电路结构也不尽相同。

9.1.1 等离子电视机电源电路的结构特点

等离子电视机的电源电路将交流 220 V 电压经滤波、整流、变换和处理后变成多种直流电压，为整机电路进行供电。图 9-1 所示为典型等离子电视机电源电路的实物外形。

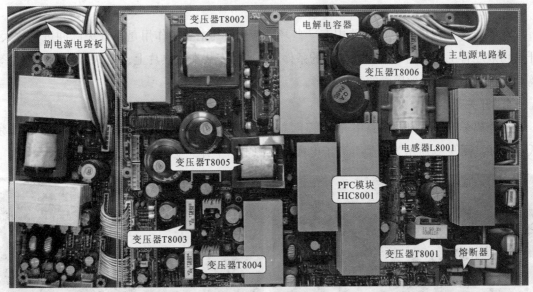

图 9-1　典型等离子电视机电源电路中主要元器件的实物外形

　　由于电源电路中有高电压、大电流处理电路，工作温度较高，所以等离子电视机的电源电路常常由分立式变压器、熔断器、电解电容器、电阻器、电感器、二极管、开关场效应管以及多种模块等组成。

　　1. 熔断器

　　熔断器又称保险丝、熔丝等，将它安装在电源电路中主要是保证电路安全运行。当等离子电视机的电路发生故障或异常时，电流会升高，而过高的电流可能损坏电路中的某些器件，甚至可能烧毁电路。当电流异常升高到一定温度时，熔断器将自身熔断从而切断电路。图 9-2 所示为典型等离子电视机中的熔断器实物外形。

　　2. 电解电容器

　　等离子电源电路中的电解电容器主要是用来对直流电压进行滤波。其体积较大，在电容器的表面通常标有正、负极性。图 9-3 所示为典型等离子电视机中电解电容器的实物外形。

图 9-2　典型等离子电视机中的熔断器实物外形

图 9-3　典型等离子电视机中电解电容器的实物外形

3. 场效应管

在等离子电视机的电源电路中有一些场效应管，其主要的作用是对开关脉冲进行放大。开关场效应管工作在高电压和大电流的条件下，通常安装在散热片上。图 9-4 所示为典型等离子电视机中开关场效应管的实物外形。

4. 开关变压器

在等离子电视机电源电路中开关变压器的作用主要是将高频高压脉冲变压成为多组高频低压脉冲。图 9-5 所示为典型等离子电视机电源电路中开关变压器的实物外形。

图 9-4 典型等离子电视机电源电路中开关场效应管的实物外形

图 9-5 典型等离子电视机电源电路中开关变压器的实物外形

5. 桥式整流堆

在电源电路中桥式整流堆是对 220 V 的交流电压进行整流，输出约为 300 V 的直流电压。在其内部集成了 4 只二极管，一般有四个引脚。图 9-6 所示为典型等离子电视机电源电路中桥式整流堆的实物外形。

图 9-6 典型等离子电视机电源电路中桥式整流堆的实物外形

9.1.2 液晶电视机电源电路的结构特点

液晶电视机电源电路是将市电交流 220 V 电压经滤波、整流、降压和稳压后输出一路或多路低压直流电压，为液晶电视机各功能电路提供所需的工作电压。

液晶电视机中的电源电路一般采用开关电源形式。液晶电视机品牌型号不同，其电源电路的结构也有所不同。图 9-7 所示为典型液晶电视机开关电源电路。该电路主要由交流输入电路、桥式整流堆、+300 V 滤波电容、开关场效应管、开关变压器、光电耦合器、开关振荡集成电路、开关脉冲产生集成电路、待机 5 V 产生输出驱动集成电路和运算放大器等构成。

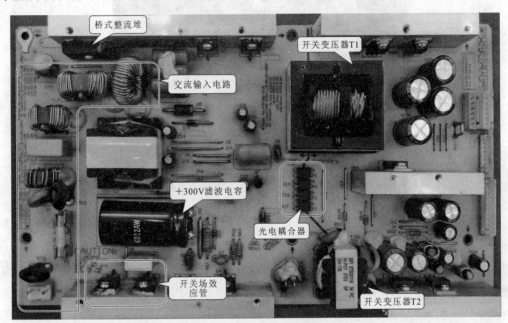

（a）开关电源电路板正面

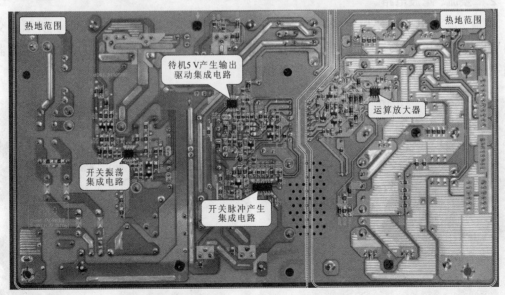

（b）开关电源电路板背面

图 9-7 典型液晶电视机的开关电源电路

1. 交流输入电路

交流输入电路主要用于滤除来自交流电网的干扰脉冲，防止开关电源产生的振荡脉冲反送到电网中对其他设备造成干扰，同时该电路也用于过载及过压保护。图 9-8 所示为液晶电视机开关电源电路中的交流输入电路。

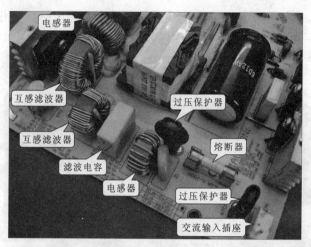

图 9-8 电源电路中的交流输入电路

交流输入电路主要由交流输入插座、熔断器、过压保护器、滤波电容器、电感器、互感器等构成。其中交流输入插座用于输入市电 220 V 交流电压；熔断器用于当液晶电视机出现过载时起过载保护作用；过压保护器用于当外部输入电压过高时，过压保护器短路，并使熔断器熔断，起过压保护的作用；滤波电容器、电感器、互感器构成抗干扰滤波电路，用于滤除交流电网中的干扰脉冲，起到抗干扰作用。

2. 整流、滤波电路

整流、滤波电路主要由桥式整流堆和 +300 V 滤波电容器构成，如图 9-9 所示。交流 220 V 电压先经桥式整流堆整流后输出约 +300 V 的直流电压，然后经 +300 V 滤波电容器进行平滑、滤波，进而消除脉动分量，为开关振荡电路供电。

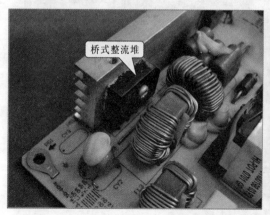

图 9-9 电源电路中的整流、滤波电路

3. 开关振荡电路及次级输出电路

开关振荡电路主要由开关场效应晶体管、开关变压器、开关振荡集成电路等构成，次级输出电路主要由开关变压器的次级绕组及相关器件构成，其部分实物如图9-10所示。交流220V电压经交流输入电路及整流滤波电路后输出的电压经启动电阻为开关振荡集成电路提供启动电压。

开关场效应管主要用于将直流电流变成脉冲电流。由于开关场效应管工作在高电压和大电流的条件下，因而需安装在散热片上。

开关振荡集成电路也称为有源功率调整驱动集成电路，其内部集成了脉冲振荡器和脉宽信号调制电路（PWM）。图9-11所示为开关振荡集成电路UCC28051的内部电路框图。由图可知，其内部集成了脉冲振荡器和脉宽信号调制电路（PWM），脉冲信号经触发器、逻辑控制电路后，经内部的双场效应管放大后由⑦脚输出。

开关变压器是一种脉冲变压器，其工作频率较高（1k～50kHz）。开关变压器的初级绕组与开关场效应管构成振荡电路。开关变压器的次级与初级绕组隔离，次级主要的功能是将高频高压脉冲变成多组高频低压脉冲，经整流滤波后变成多组直流电压输出，为液晶电视机相关电路及元器件提供工作电压。

（a）开关场效应管

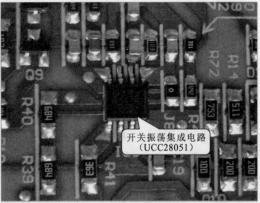

（b）开关振荡集成电路

（c）主开关变压器

（d）副开关变压器

图9-10 开关振荡电路

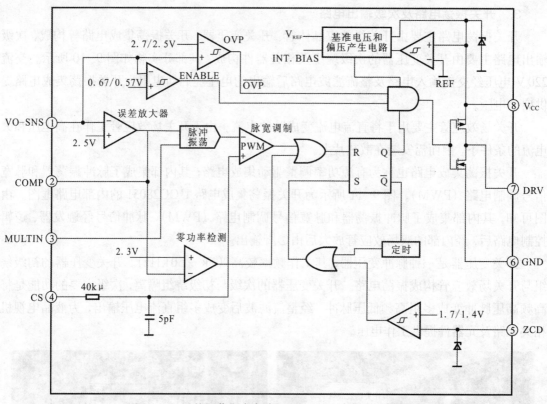

图 9-11 开关振荡集成电路 UCC28051 内部电路框图

【信息扩展】

有些液晶电视机的开关振荡电路中还包含有开关脉冲产生集成电路及待机 5V 产生驱动集成电路，如图 9-12 所示。开关脉冲产生集成电路 L6598D 也称为电源调整输出驱动集成电路；待机 5V 产生驱动集成电路 TEA1532 是一种具有多种保护功能的开关脉冲产生电路。

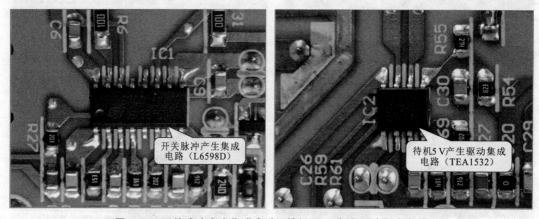

图 9-12 开关脉冲产生集成电路、待机 5V 产生驱动集成电路

图 9-13 所示为开关脉冲产生集成电路 L6598D 的内部电路框图，其各引脚功能见表 9-1。该电路的特点是⑪脚、⑮脚分别输出两路相位相反的开关脉冲，因而外部要设由两个场效应晶

体管组成的开关脉冲输出电路，先将直流电压（H、V）变成可控的脉冲电压再输出，然后将脉冲电压滤波变成直流电压。该电路的内部设有的压控振荡器（VCO），用于产生振荡信号，经处理后形成两路脉冲输出。

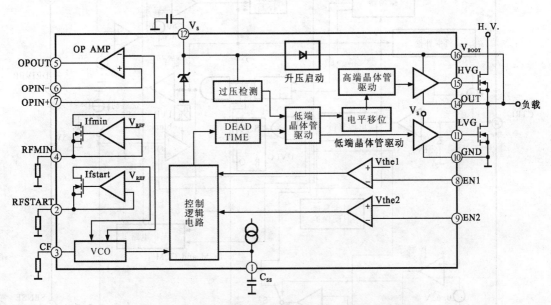

图 9-13　开关脉冲产生集成电路 L6598D 内部电路框图

表 9-1　开关脉冲产生集成电路 L6598D 各引脚功能

引脚号	名称	引脚功能	引脚号	名称	引脚功能
①	C_{SS}	软启动定时电容	⑨	EN2	半桥非锁定使能
②	R_{fsart}	软启动频率设置	⑩	GND	地
③	C_f	振荡频率设置	⑪	LVG	低端晶体管（外）驱动输出
④	R_{fmin}	最小频率设置	⑫	V_S	电源供电
⑤	OP_{out}	传感器运放输出	⑬	N.C	空
⑥	OP_{on-}	传感器运放反相输入	⑭	OUT	高端晶体管（外）驱动基准
⑦	OP_{on+}	传感器运放同相输入	⑮	HVG	端晶体管（外）驱动输出
⑧	EN1	半桥锁定使能	⑯	V_{boot}	升压电源端

图 9-14 所示，为待机 5 V 产生驱动集成电路的内部结构。其各引脚功能见表 9-2。

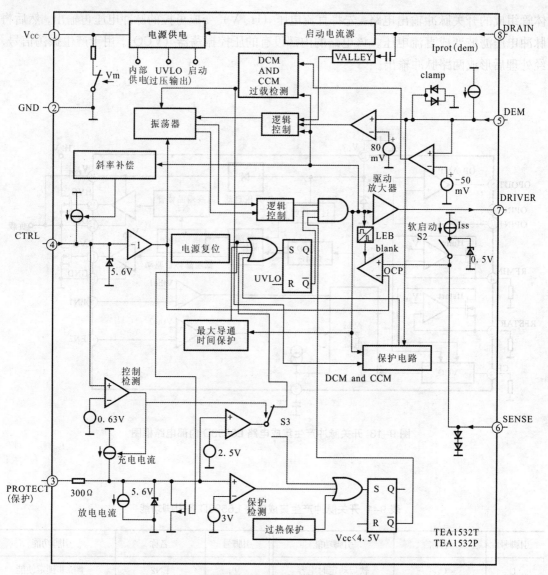

图 9-14 待机 5 V 产生驱动集成电路 TEA1532 内部电路框图

表 9-2 待机 5 V 产生驱动集成电路 TEA1532 各引脚功能

引脚号	名称	引脚功能	引脚号	名称	引脚功能
①	Vcc	电源供电	⑤	DEM	去磁
②	GND	地	⑥	SENSE	电流检测输入
③	PROTECT	保护和定时输入	⑦	DRIVER	驱动输出
④	CTRL	控制输入	⑧	DRAIN	外接场效应管漏极

4. 稳压及检测控制电路

稳压及检测控制电路主要由光电耦合器、运算放大器等构成。光电耦合器及运算放大器实物如图9-15所示。光电耦合器是由一个光敏晶体管和一个发光二极管构成的，主要用于将开关电源输出电压的误差反馈到开关集成电路上；运算放大器主要用于各路保护检测。

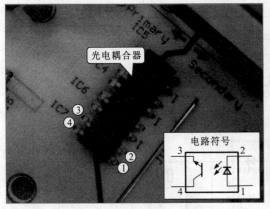

（a）光电耦合器实物及结构　　　　　　　　（b）运算放大器实物

图9-15 光电耦合器、运算放大器

9.2 等离子、液晶电视机电源电路分析

9.2.1 等离子电视机电源电路分析

长虹PT4206型等离子电视机的电源电路主要是由交流输入电路及待机5 V（VSB）电压形成电路、PFC（功率因数控制电路）电压产生电路、逻辑板5 V和3.3 V电压的产生电路、整机其他电压的产生电路、保护电路等电路构成。

1. 交流输入及5 V（VSB）电压形成电路

如图9-16所示为长虹PT4206型等离子电视机电源电路中的交流输入及待机5 V（VSB）电压形成电路。

交流220 V交流电压由插座CN8001进入后，经熔断器F8001进入由SA8001、R8005、C8004、C8096、L8002、RA8001、R8004、C8003、C8008、C8006组成的交流输入电路。该电路具有过压保护和抗干扰功能，并将交流220 V电压进行滤波处理。

滤除干扰后的交流电压分成两路：其中一路送给PFC（功率因数控制电路）电压产生电路，另一路经熔断器F8002、桥式整流器D8007、滤波电容器C8017整流滤波后形成不稳定的300 V直流电压。该电压经过开关变压器T8001的初级绕组加到IC8003(TOP223PN)的⑤脚，IC8003内电路与开关变压器初级绕组的①脚、②脚构成开关振荡电路。开关变压器正反馈绕组③脚～④脚的输出经D8013整流变成直流电压，再经光电耦合器④脚、③脚反馈到开关振荡集成电路IC8003的④脚，使其进入振荡状态。从T8001的次级绕组⑦脚、⑧脚输出的电压经整流滤波（D8014，C8018）后分为两路，一路形成+5 V（VSB）电压，给主板CPU供电；

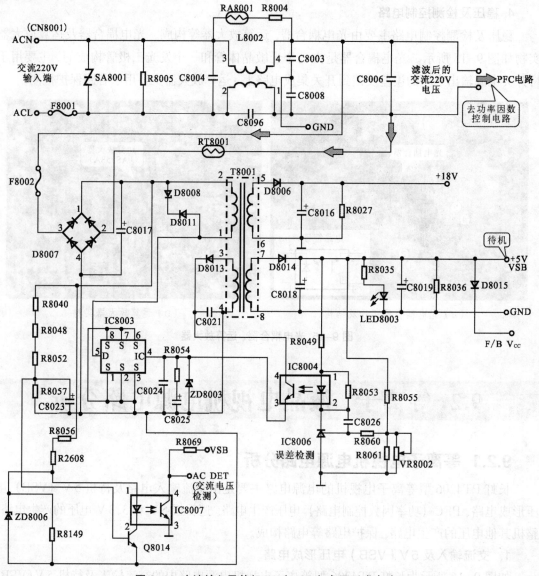

图 9-16 交流输入及待机 5V（VSB）电压形成电路

另一路经 D8015 整流后，产生 F/B-Vcc 电压给后级电路的稳压部分供电。同时，+5 V（VSB）电压经过 R8035 为发光二极管 LED8003 提供工作电压，使其发光（绿色）。T8001 的⑤脚、⑥脚绕组输出的电压经 D8006、C8016 整流滤波后形成 18 V 的直流电压。

2. PFC（功率因数控制电路）直流高压产生电路

图 9-17 所示为长虹 PT4206 型等离子电视机电源电路中的 PFC（功率因数控制电路）直流高压产生电路。它主要是由继电器控制电路、整流滤波电路、开关电路、升压电路、PFC电压产生集成电路 HIC8001 等部分构成的。当发出二次开机指令后，晶体管 Q8009 基极的 RELAY 信号由高电平变为低电平，使 Q8009 和 Q9013 导通。此时 Q8013 的集电极变为低电平，其输出分为两路。

其中一路被送到保护集成电路 HIC8002 作为一个 PS-ON 的检测信号。另一路通过光

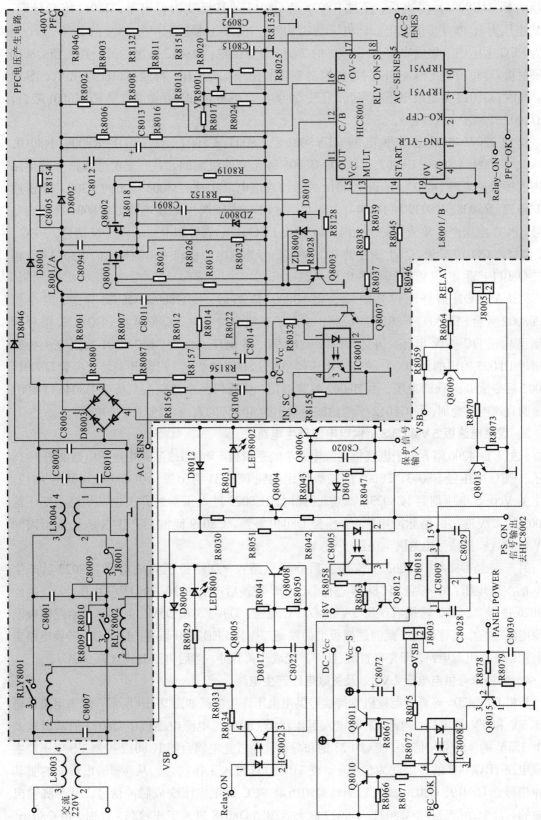

图 9-17 PFC 电压产生电路

电耦合器（IC8005）隔离后，经过 R8058 使 Q8012 的基极变为低电平，Q8012 饱和导通，18 V 电压为 IC8009 ①脚供电。该电压经 IC8009（7815A）稳压后产生 15 V 的 PFC-Vcc 电压为 PFC 电压产生集成电路 HIC8001 的③脚、⑩脚供电。Q8012 输出的另一路送到 Q8010 的发射极，Q8010 在 PFC-OK 信号的控制下输出 DC-Vcc 电压，再经 Q8011 输出 Vcc-S 电压。同时，Q8013 集电极电压的降低，还使 Q8004、Q8006 饱和导通，继电器 RLY8001 吸合，LED8002 开始发光（绿色）。

交流 220 V 电压通过继电器 RLY8001 经 L8003、C8007、RLY8001、R8009、R8010、C8001、C8009、L8004、C8002、C8010、C8005 等元器件组成的二次、三次进线抗干扰电路后送入桥式整流堆 D8003，得到 100 Hz 的脉动直流电。此时，D8003 输出的 +300 V 电压通过 R8037、R8038、R8039 和 R8044、R8045，为 PFC 电压产生集成电路 HIC8001 提供启动信号，PFC 电压产生集成电路开始工作，输出 PFC-OK 信号和 RELAY-ON 信号。PFC-OK 信号使 Q8010 导通，产生受控的 DC-Vcc 信号为副电源板和主电源板上的电路供电，再经过 Q8011 产生出 17 V 的 Vcc-S 电压。

RELAY-ON 信号经过光电耦合器 IC8002 隔离后，使 Q8005、Q8008 导通，继电器 RLY8002 吸合，R8009、R8010 被短路，减小了整机自身功耗。Q8010 在 PFC-OK 信号的控制下输出 DC-Vcc 电压，再经 Q8011 输出 Vcc-S 电压。同时，LED8001 被点亮。桥式整流堆 D8003 输出的约 300 V 的直流电压经电感 L8001 滤波后，再经开关场效应管 Q8001、Q8002 后变成开关脉动电压，由 D8002 整流输出，然后与经全波整流二极管 D8046、D8001 输出的直流电压叠加，经 C8012 平滑滤波后输出约 400 V 的直流电压（PFC 电压）。

3. 逻辑电路板 5 V 和 3.3 V 供电电压产生电路

长虹 PT-4206 型等离子电视机电源电路中的逻辑板 5 V 和 3.3 V 供电电压电路如图 9-18 所示。PFC 电压经 F8003，T8005 的初级绕组加到 IC8023 的①脚。由 Q8011（见图 9-17）产生的 Vcc-S 电压加到 IC8023 的③脚。此时，IC8023 进入正常的开关振荡状态。变压器 T8005 的次级输出两路脉冲电压：一路经 D8040 整流，C8059 滤波后产生 X 驱动板所需的 70 V 的地址扫描信号电路供电电压（VA）。

另一路经 D8042、C8063 整流滤波后分成三路：一路经稳压集成电路 IC8022 后产生 15 V 的 Vcc 电压；另一路经 IC8024 进行 DC/DC 转换后产生 3.3 V 的 D3V3 电压；第三路经 IC8026 进行 DC/DC 转换后产生 5 V 的 D5VL 电压。D3 V3 和 D5VL 主要用于给逻辑板及其他电路板的小信号供电。此时逻辑板上的发光二极管 LED2000 点亮。DC/DC 转换电路实际上就是开关电源电路，即先将直流（DC）变成开关脉冲，然后再滤波成直流（DC）。

4. 维持信号供电电压（VS）及关联电压产生电路

长虹 PT-4206 等离子电视机维持信号供电电压产生电路如图 9-19 所示。逻辑电路板得到 3.3 V 和 5 V 供电后，内部 CPU 进入工作状态，同时为电源电路板中 Q8023 的基极输入一个 3.3 V 的 VS-ON 信号，使 Q8023 饱和导通。通过光电耦合器 IC8017 控制 VS 电压产生集成电路 HIC8003 的④脚变为低电平，使 HIC8003 进入工作状态。从⑮脚输出正向的驱动脉冲信号经 Q8019、Q8020 放大后驱动 Q8016 将 PFC 供电电压变成脉冲信号。从⑨脚输出负向的脉冲驱动信号，经 Q8021、Q8022 放大后驱动 Q8018 进入工作状态。此时，由 Q8016、

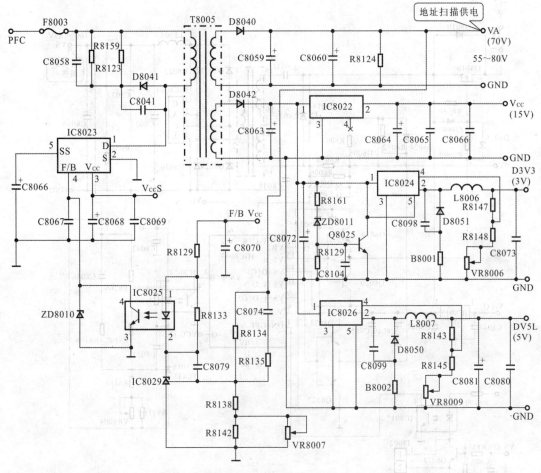

图 9-18 逻辑板 5 V 和 3.3 V 供电电压产生电路

Q8018、C8031、T8002 组成的谐振开关电路开始工作。次级绕组经 D8021、D8022、D8029、D8030 桥式整流和 HIC8004、L8005、C8032、C8033 滤波处理后产生 160 V～185 V 的维持信号供电电压（VS）。

维持信号供电电压形成后分为四路。第一路 VS 电压为等离子屏的 Y 驱动板和 X 驱动板供电。第二路 VS 电压送入 VSET 及 F/B-Vcc 电压形成电路。长虹 PT－4206 等离子电视的 VSET 及 F/B-Vcc 电压形成电路如图 9-20 所示。VS 电压一路经 F8004 送到 T8003 的⑤脚，经 T8003 的初级绕组后从③脚输出到 IC8012 的 D 端，另一路经 R8094，C8041、C8042 滤波后加到 IC8012 的③脚，使 IC8012 和 T8003 组成的开关电源电路开始工作。次级⑥脚和⑦脚输出的电压经 D8023 整流，C8034 滤波得到 135 V～165 V 的 VSET 电压为扫描信号处理电路供电。次级⑨脚和⑩脚输出的电压经 D8032 整流，C8037 滤波和 D8033 隔离后形成 F/B-Vcc 电压。

第三路 VS 电压送入 VSCAN 扫描电压形成电路。长虹 PT-4206 等离子电视机 VSCAN 电压形成电路如图 9-21 所示。VS 电压经 F8004 后进入 T8004 的初级绕组，经初级绕组加到 IC8019 的 D 端。启动电压经 R8116、C8057、C8054 滤波后加到 IC8019 的 Vcc 端。开

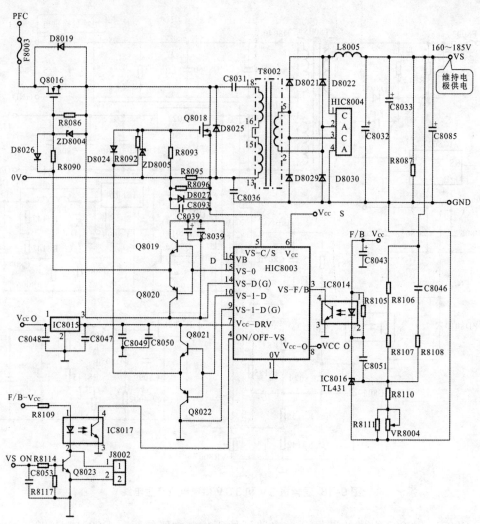

图 9-19 维持供电（VS）电压输出电路

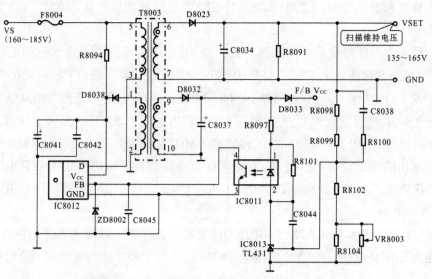

图 9-20 VSET 及 F/B-Vcc 电压形成电路

关变压器次级绕组⑥脚和⑦脚输出的电压经D8034和C8052负向整流滤波后得到−55 V～−80 V的VSCAN（扫描）电压。开关变压器T8004的另一组次级绕组⑨脚和⑩脚输出的电压经D8039，C8055整流滤波后为稳压电路供电，进行误差检测和稳压控制。

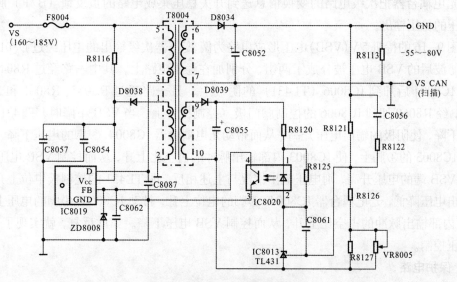

图 9-21 VSCAN 电压形成电路

第四路VS电压送入VE电压形成电路。长虹PT-4206等离子电视机VE电压形成电路如图9-22所示。VS电压经F8005后进入变压器T8006中，经初级绕组到IC8027的①脚，同时启动电压经R8131、C8075、C8076滤波后加到IC8027的③脚。由IC8027和T8006组成的开关电源电路开始工作。T8006次级绕组输出的直流电压经D8044整流、C8071滤波后得到125 V～155 V的VE电压，为维持电压产生电路供电。另一路经D8049整流、C8077滤波后为稳压电路提供电压，进行稳压控制。

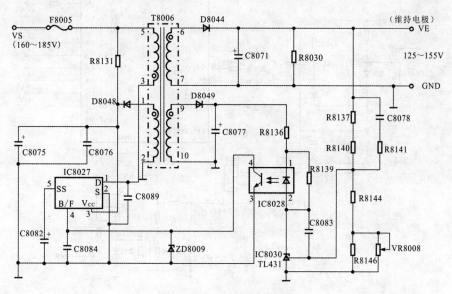

图 9-22 VE 电压形成电路

5. 整机稳压电路

长虹 PT4206 型等离子电视机电源电路中的稳压电路比较简单。其中，关键的器件为晶闸管 TL431 及其控制的光电耦合器和稳压集成电路。电压经电阻取样后送到 TL431 的控制脚，再经过光电耦合器把次级电路的变换信息送到开关稳压集成电路的负反馈（B/F）脚，从而控制电压的稳压输出。

以图 9-16 的待机 5 V(VSB) 电压形成电路为例，变压器次级输出的电压经过 D8014 整流，C8018 滤波后的 VSB 电压被分成了两组，分别加在稳压电路上。其中一路经过 R8049、光电耦合器 IC8004 后加到 IC8006（TL431）的阴极上。另一路通过 R8055、R8061 和 VR8002 分压后，经 R8060 加到 IC8006 的控制脚门极（控制极）上。当 VSB 下降时，TL431 的控制极电压下降，使阴极的输出电压升高，从而带动光电耦合器 IC8004 ③脚的电压下降，该信号被送到 IC8003 的④脚上，使 IC8003 内部输出脉冲的占空比上升，从而控制 VSB 电压上升。

若 VSB 端的电压升高，则电压输出情况与上述相反，即 TL431 的控制极电位上升，使阴极的输出电压降低，光电耦合器 IC8004 ③脚的电位上升，带动 IC8003 ④脚的电压上升，使 IC8003 内部输出脉冲的占空比上升，从而控制 VSB 电压下降。如此反复，就实现了 VSB 电压的稳压控制。

6. 保护电路

等离子电视机中为了保证电视机安全工作，电源供电系统中一般都会设有过压和过流的保护环节。图 9-23 所示为长虹 PT4026 型等离子电视机的保护电路。其中，主要的元器件是保护模块 HIC8002，由电源电路输出的各组电压都会被送到 HIC8002 内进行检测。

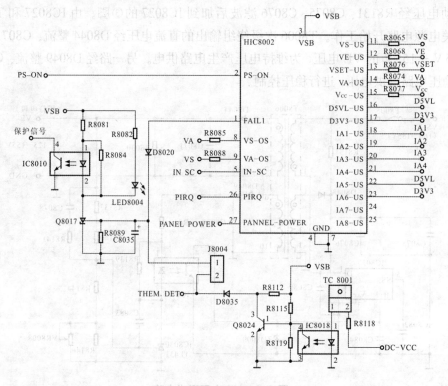

图 9-23 保护电路

由上图可知，各组供电中，若有一路电压不正常，HIC8002 的①脚就会输出一个高电平，使外接的晶闸管 Q8017 导通，红色的发光二极管 LED8004 被点亮。同时，光电耦合器 IC8010 导通，输出保护信号，使前级电路中的 Q8006（见图 9-16）基极电压下降为 0 V，工作截止，从而使继电器 RLY8001 断开，PFC 的后续电路全部停止工作。同时 HIC8002 的㉗脚输出一个低电平的 PANEL-POWER 信号，使 Q8015、IC8008、Q8011（见图 9-16）截止工作，断开 VS 和 VA 电压形成电路中开关电源集成电路的供电，使其退出工作状态。

当某一路有过流现象时，会造成 Q8001 和 Q8002 稳度升高，TC8001 可以通过散热片检测到过热情况，其安装位置如图 9-24 所示。从 TC8001 的①脚发出的过热信号通过光电耦合器 IC8018 使 Q8024 截止，其集电极呈现高电平，通过跳线 J8004 使晶闸管 Q8017 导通，LED8004 发光，整机进入保护状态。

图 9-24 TC8001 的安装位置

9.2.2 液晶电视机电源电路分析

图 9-25 所示为康佳 LC-TM2018 型液晶电视机电源电路原理图。该电路主要由交流输入电路、整流滤波电路、开关振荡电路、次级输出电路、稳压及检测控制电路等部分构成。

1. 交流输入和整流滤波电路

交流输入和整流滤波电路将交流 220 V 电压经互感滤波器 L901 和桥式整流堆 D901，变成约 +300 V 的直流电压。+300 V 直流电压经开关变压器 T901 的初级绕组①~③为开关场效应管漏极提供偏压，同时为开关、振荡、稳压控制集成电路 N901 的⑤脚提供启动电压。

2. 开关振荡电路

开机后启动电压使 N901 内的振荡电路开始工作，由 N901 的⑥脚输出驱动脉冲使开关场效应管 V901 工作在开关状态驱动场效应管漏极、源极之间形成开关电流。开关变压器次级⑤~⑥脚绕组为正反馈绕组，⑥脚输出经整流二极管 D903，将正反馈电压加到 N901 的⑦脚，维持 N901 的振荡。

3. 次级输出电路

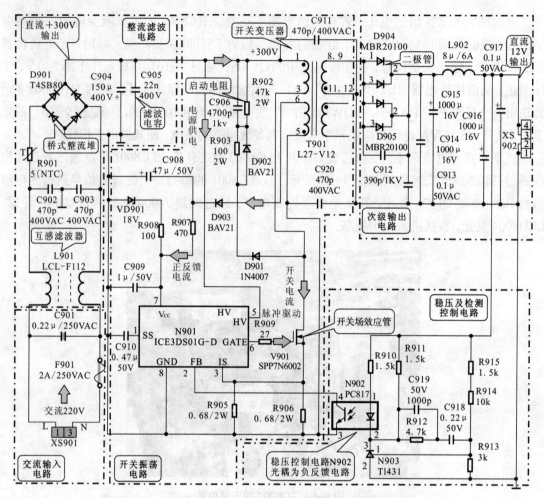

图 9-25 康佳 LC-TM2018 型液晶电视机电源电路原理图

开关变压器次级⑧、⑨～⑪、⑫脚输出的电压，经 D904、D905（双整流管）整流、滤波形成 +12V 电压。

4. 稳压控制电路

由 T901 次级输出 +12V 电压经 R915 、R914、R913 形成分压电路，在 R913 上作为取样点为晶闸管 N903（TL431）提供误差取样电压。N903 为误差放大器。当取样电压达到一定值时，N903 导通，光耦合器 N902 中有电流通过，+12V 电压的波动会使光耦合器中的发光二极管发光强度有变化，这种变化经光耦合器中的晶体管反馈到 N901 的②脚，形成负反馈环路，从而对 N901 产生的 PWM 信号进行稳压控制。

【信息扩展】

图 9-26 所示为开关振荡集成电路 N901 的内部功能框图和外部相关电路。交流输入经整流形成的直流电压，经开关变压器初级线圈加到开关场效应管的漏极 D，同时为 N901 的⑤脚提供启动电压。N901 启动，也使开关场效应管启动。开关变压器产生的正反馈电流加到 N901 的⑦脚，N901 进入振荡状态。⑥脚输出开关脉冲，开关电源输出 +12V 电压误差检测电路形成的负反馈信号经光电耦合器送到 N901 的②脚，N901 的③脚为电流检测输入端，①

脚外接软启动电容。

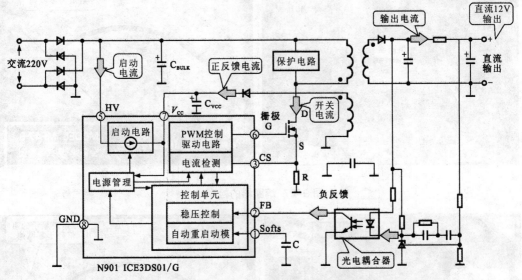

图 9-26 开关振荡集成电路 ICE3DS01 内部功能框图和外部相关电路

9.3 等离子、液晶电视机电源电路的检修方法

9.3.1 等离子电视机电源电路的检修方法

1. 交流输入及待机（VSB）电压形成电路的检修方法

等离子电视机电源电路中的交流输入及待机（VSB）电压形成电路出现故障后，应重点检测该电路中的熔断器、互感器、变压器、光电耦合器等关键元器件。

1）熔断器的检修

若熔断器损坏，交流 220 V 无法正常进入后级电路，电源电路也无法正常工作。判断熔断器是否损坏，通常是用万用表的电阻挡检测其阻值是否正常。一般情况下，熔断器两端之间的阻值应趋于零；若检测出的阻值趋于无穷大，则说明该熔断器可能有损坏，应以同型号的熔断器进行更换。熔断器的检测方法如图 9-27 所示。

2）互感器的检修

互感器在交流输入电路部分中用作滤波元件。若直流高压产生电路有故障，则应检测其性能是否正常。判断其性能是否良好主要是用万用表电阻挡检测其线圈的阻值是否正常。正常情况下，互感器内部线圈的阻值应趋于 0；若趋于无穷大，则证明该互感器已经断路损坏，需要以同型号的互感器进行更换。

互感器的检测方法如图 9-28 所示。

3）开关变压器的检测

开关变压器在电源电路中的作用是将振荡脉冲进行变压，由次级输出多组低压脉冲。判

（a）检测方法

（b）示数

图 9-27 熔断器的检测

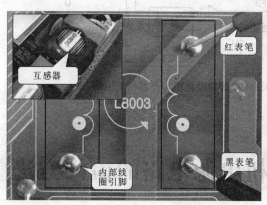

（a）检测方法

（b）示数

图 9-28 互感滤波器的检测

断变压器的性能是否良好,通常是将平板电视机通电后,使用示波器检测其信号波形是否正常。若变压器正常工作,用示波器的探头靠近变压器的铁心时,显示屏上应显示变压器的波形。若没有信号波形,则说明开关振荡电路工作异常,应检测开关振荡电路中的元器件。

开关变压器的检测方法如图 9-29 所示。

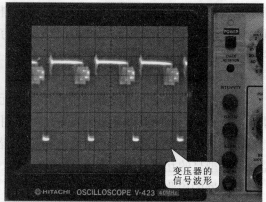

（a）检测方法

（b）波形

图 9-29 开关变压器的检测

【信息扩展】

不同型号的等离子电视机、不同型号的变压器，示波器检测出的信号波形也不同，除图9-29（b）所示波形外，图9-30所示为常见开关变压器的信号波形图。

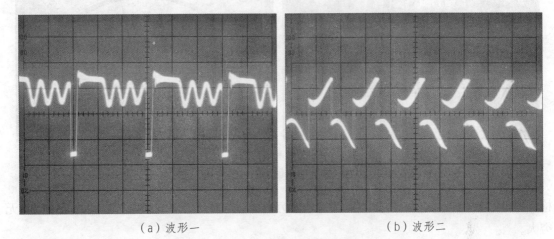

（a）波形一　　　　　　　　　　　　　（b）波形二

图9-30 常见开关变压器的信号波形图

4）开关振荡集成电路的检修

开关振荡集成电路IC8003（TOP223PN，见图9-16）是交流输入及待机5V（VSB）电压形成电路的关键元件。正常工作时，其⑤脚输入由开关变压器初级绕组送来的300 V左右的不稳定直流电压，其④脚输入经光电耦合器④脚和③脚送来的直流电压。该电压随IC8006（误差检测）电流的变化而变化。对该电路进行检修时，主要是检测其④脚和⑤脚的电压值是否正常。

开关振荡集成电路的检测方法如图9-31所示。

若测得两引脚的电压值均正常，开关集成电路还是无法正常工作，则可能IC8003已经损坏，需以同型号的开关集成电路进行更换。

5）光电耦合器的检修方法

光电耦合器的内部是由一个发光二极管和一个光电晶体管的组合而成的。判断该元器件的性能是否良好时，主要是检测其正反向阻值。正常情况下，光电耦合器①脚和②脚之间应

（a）④脚电压的检测

图9-31 开关振荡集成电路的检测

（b）⑤脚电压的检测

图9-31 开关振荡集成电路的检测（续）

检测出2kΩ左右的阻值，反向阻值应趋于无穷大；光电耦合器③脚和④脚之间的阻值应为无穷大。

光电耦合器的检测方法如图9-32所示。

若检测的数值不正常，或偏差较大，则说明该光电耦合器可能损坏。

（a）实物外形和背部引脚

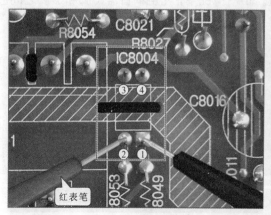

（b）①脚和②脚的阻值检测

图9-32 光电耦合器的检修方法

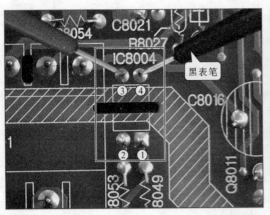
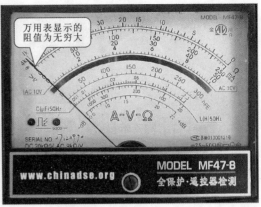

（c）③脚和④脚的阻值检测

图 9-32 光电耦合器的检修方法（续）

【要点提示】

如需要准确检测光电耦合器的阻值，应将该元器件从电路板中取下进行开路检测，以免受其外围元器件（电阻、电容）的影响，造成检测的阻值与实际阻值偏差较大。

2. PFC 直流高压产生电路的检修方法

等离子电视机电源电路中的直流高压产生电路出现故障后，应重点检测该电路中的关键元器件——晶体管、光电耦合器、桥式整流电路、整流二极管和滤波电容等，通过对关键元器件的检修来排除故障，光电耦合器的检修可参考前文的检测方法。

1）晶体管的检测

电源电路中用到 NPN 和 PNP 两种类型的晶体管。其性能的判断大致相同。下面以 NPN 型晶体管为例介绍晶体管的检测方法。正常情况下，NPN 型晶体管基极与集电极之间的正向阻值约为 5.5 kΩ，反向阻值为无穷大；基极与发射极之间的正向阻值约为 5 kΩ，反向阻值为无穷大。

NPN 型晶体管的检测方法如图 9-33 所示。

若所测结果与上述情况不符合，则可基本断定 NPN 型晶体管已经损坏，需以同型号的晶体管进行更换。

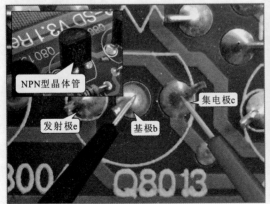

（a）集电极的检测

图 9-33 NPN 型晶体管的检测

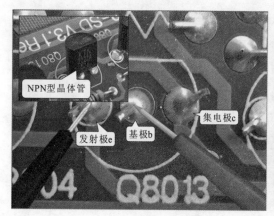

（b）发射极的检测

图 9-33 NPN 型晶体管的检测（续）

2）桥式整流堆的检测

桥式整流电路将前级电路中输出的 220 V 交流电压进行全波整流，输出 +300 V 左右的直流电压。若该器件损坏，则无法正常的输出直流电压，使后级电路无法正常工作。对于桥式整流堆的检测可分为两步：第一步，在加电状态检测其工作电压；第二步在断电状态下检测其电阻值。

在加电状态下测桥式整流堆的工作电压也分为两步：先测输入电压，后测输出电压。若输入的交流 220 V 供电电压正常，而输出的 300 V 直流电压不正常，则可判定桥式整流堆已经损坏，需要进行更换。加电状态下测量桥式整流堆工作电压的方法如图 9-34 所示。

断电状态下测桥式整流堆电阻值分为四步：先分别测交流输入端的正反向电阻值，再分别测直流输出端的正反向电阻值。在断电状态下，检测桥式整流堆交流输入端正常的正反向阻值，均应为无穷大；直流输出端的正向阻值应为 4.5 kΩ 左右，反向阻值应为无穷大。若检测出的阻值与实际检测的值偏着过大，则可证明桥式整流堆可能已经损坏，需以同型号的桥式整流堆进行更换。

断电状态下桥式整流堆电阻值的检测方法如图 9-35 所示。

（a）输入电压的检测

图 9-34 加电状态下桥式整流堆的检测

（b）输出电压的检测

图9-34　加电状态下桥式整流堆的检测（续）

（a）交流输入端阻值的检测

（b）直流输出端阻值的检测

图9-35　断电状态下桥式整流堆电阻值的检测方法

3）整流二极管的检测

整流二极管作用是将交流电压整流成为不稳定的直流电压。检测整流二极管时，可以分别检测其两引脚间的正反向阻值是否正常。在开路的状态下，正常的整流二极管的正向阻值应约为3.5kΩ；反向阻值应为无穷大。

整流二极管的检测方法如图 9-36 所示。

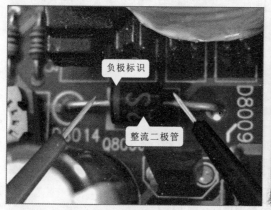

（a）正向阻值的检测

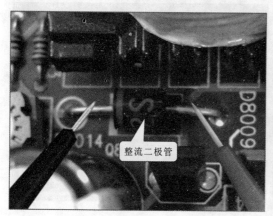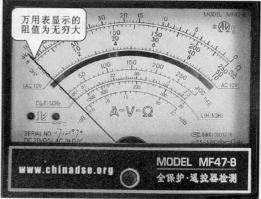

（b）反向阻值的检测

图 9-36 整流二极管的检测方法

4）滤波电容的检测

滤波电容器主要是用来将整流二极管输出的不稳定的直流电压进行滤波，变成较为稳定的直流电压输出。滤波电容性能是否完好的判断方法，通常情况下是检查电容的充放电过程是否正常。正常情况下，万用表检测滤波电容的阻值时，其指针会有一个明显的摆动过程；若表针没有变化，或是检测其阻值趋于零，则该滤波电容有可能损坏，需要以同等型号的滤波电容进行更换。

滤波电容的检测方法如图 9-37 所示。

3. 继电器控制电路的检修方法

等离子电视机电源电路中的继电器控制电路出现故障后，应重点检测该电路中的晶体管、继电器和光电耦合器等器件。

电源电路中的继电器主要是利用线圈和触点配合，来控制交流 220 V 电压的通断。判断继电器的性能是否良好，应分别检测继电器触点的阻值和线圈的阻值是否正常。

检测继电器触点的阻值应分两步进行：先测其断电时的阻值，再测通电时的阻值。在断

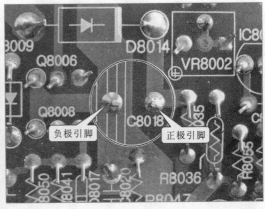

（a）实物外形和背部引脚

（b）检测滤波电容的阻值

图9-37 滤波电容的检测方法

电的情况下，继电器的两触点之间的阻值应为无穷大，如图9-38（a）所示；而在工作状态时，两触点之间的阻值应趋于零。

　　检测继电器线圈阻值的方法如图9-38（b）所示。在断电情况下，检测继电器内部线圈之间的阻值时，可以测得一个固定的电阻值，若测得线圈之间的阻值趋于无穷大或为零，则说明该继电器内部的线圈已损坏，需要以同型号的继电器进行更换。

（a）断电状态两触点之间阻值的检测

图9-38 继电器的检修方法

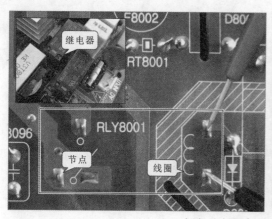

（b）继电器内线圈的阻值检测

图 9-38 继电器的检修方法（续）

9.3.2 液晶电视机电源电路的检修方法

对液晶电视机电源电路与等离子电视机的电源电路在工作原理、电路结构等方面是相似的，电路中很多关键元器件是相同的（如：熔断器、过压保护器、桥式整流堆、滤波电容器、互感器等），因此，两者的检修思路、检修方法有很多相同之处。本节重点介绍液晶电视机电源电路中比较独特的关键元器件的检测方法。

1. 过压保护器的检测

过压保护器是用于过压保护的器件。它与熔断器一起，对液晶电视机整机电路实施保护。若其损坏，会使熔断器一起熔断。因此当熔断器熔断时，应对过压保护器进行检测，并对损坏的过压保护器及熔断器一并更换。

过压保护器实质上是一只压敏元件。因此，对过压保护器的检测重点是测量器电阻值是否正常。过压保护器的检测方法如图 9-39 所示。

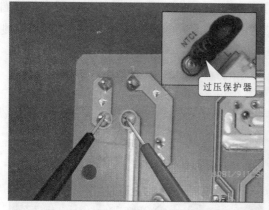

图 9-39 过压保护器的检测

2. 开关场效应管的检测

开关场效应晶体管是开关电源电路中标志性元器件，也是容易出现故障的元器件。检修电源电路时应重点对其进行检测。

对开关场效应晶体管进行检测，主要检测开关管 G 极与 D 极、S 极之间的正反向阻值。检测时分为两步：第一步，将万用表的黑表笔搭在 G 极引脚处，红表笔分别搭在 D 极和 S 极引脚处，检测开关场效应管的正向阻值是否正常。图 9-40 所示为用万用表检测 G 极与 S 极正向电阻的方法。

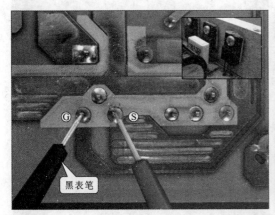

图 9-40 G 极与 S 极正向阻值的检测

第二步，将万用表的红表笔搭在 G 极引脚处，黑表笔分别搭在 D 极和 S 极引脚处，检测开关场效应管的反向阻值是否正常。图 9-41 所示为检测 G 极与 S 极反向电阻的方法。

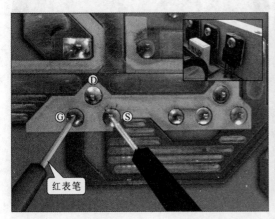

图 9-41 G 极与 S 极反向电阻的检测

3. 开关振荡集成电路的检测

开关振荡集成电路是用于输出开关脉冲信号的器件，用来控制输出端电源。若其损坏，电源电路无法输出开关脉冲信号，就无法使开关电源电路工作在开关状态。开关振荡集成电路检测，重点是测量开关振荡集成电路的输入电压和输出电压是否正常。若输入电压不正常，应重点检修前级电路；若输入电压正常，而输出电压不正常，则说明开关振荡集成电路损坏，需要对其进行更换。

将万用表的黑表笔搭在开关振荡集成电路的接地端引脚处（⑥脚），黑表笔搭在电源供电端引脚处（⑧脚），检测供电电压是否正常，如图 9-42 所示。

将万用表的黑表笔搭在开关振荡集成电路的接地端引脚处（⑥脚），黑表笔搭在电源输

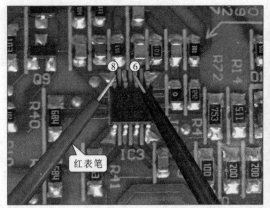

图 9-42 开关振荡集成电路供电电压的检测

出端引脚处（⑦脚），检测输出电压是否正常，如图 9-43 所示。

图 9-43 开关振荡集成电路输出电压的检测

第 10 章

等离子、液晶电视机显示屏驱动电路的故障检修

10.1 等离子、液晶电视机显示屏驱动电路的结构特点

10.1.1 等离子电视机显示屏驱动电路的结构特点

等离子电视机采用等离子显示屏，它是在两片玻璃体之间填充等离子体，并加以高电压，使之按要求运动，从而产生各种颜色，来显示视频、图像等信息。而等离子显示屏驱动电路则是为等离子显示屏提供驱动信号，使等离子显示屏显示图像信息。图 10-1 所示为典型等离子显示屏驱动电路的实物外形及结构示意图。

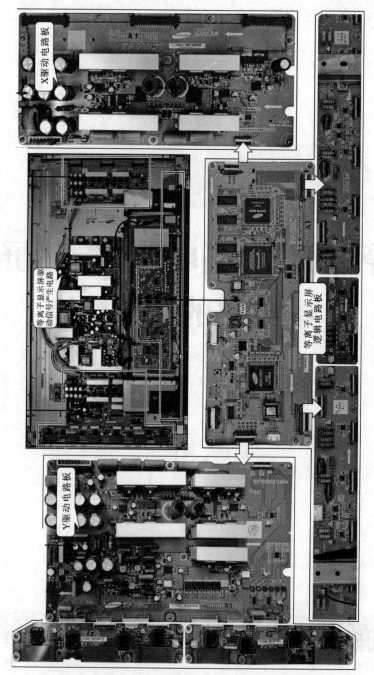

图 10-1 典型等离子显示屏驱动电路的实物外形及结构

从图中可以看出，等离子显示屏驱动电路主要由逻辑电路板、X（地址）驱动电路板和Y（维持）驱动电路板等构成。其中，逻辑电路板安装在数字图像处理电路板的下面，X 驱动电路板和 Y 驱动电路板分别位于等离子显示屏的两边。

除此之外，在等离子显示屏驱动电路中还包括等离子显示屏驱动信号产生电路。该电路安装在数字图像处理电路板上，其主要功能是将数字图像处理电路输出的数字图像信号转换为 LVDS 等离子显示屏驱动控制信号，输送给等离子显示屏组件。图 10-2 所示为典型等离子电视机的等离子显示屏驱动信号产生电路。

图 10-2 典型等离子电视机的等离子显示屏驱动信号产生电路

10.1.2 液晶电视机显示屏驱动电路的结构特点

液晶显示屏驱动电路用于驱动液晶显示屏工作。它主要由图像信号处理电路、存储器、供电电路、液晶显示屏接口、液晶显示驱动信号输入接口等构成。其实物外形及结构如图10-3 所示。

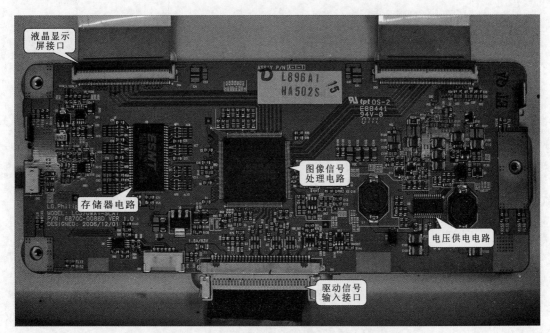

图 10-3 液晶显示屏驱动电路实物外形及结构

【信息扩展】

液晶电视机的液晶显示屏在出厂前已将液晶显示屏、连接插件、驱动电路、背光灯等用框架和底板组装成一个结构紧凑的部件，称为液晶显示屏组件。其背部外形及结构如图10-4 所示。

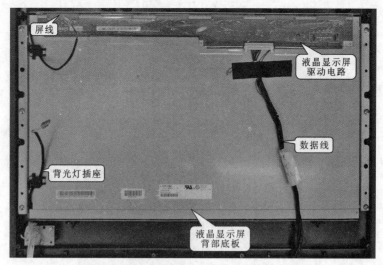

图 10-4 液晶显示屏组件背部外形及结构

1. 液晶显示屏接口及驱动信号输入接口

液晶显示屏驱动信号输入接口是液晶电视机的数字信号处理电路与液晶显示屏之间的连接桥梁，通过该接口为液晶显示屏提供驱动信号；而液晶显示屏接口则是用于将液晶显示屏的驱动信号通过屏线送入液晶显示屏中，使液晶显示屏工作。图 10-5 所示为液晶显示屏接口及驱动信号输入接口的实物外形。

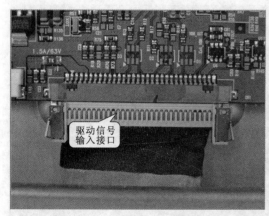

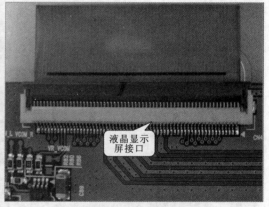

（a）驱动信号输入接口　　　　　　　（b）液晶显示屏接口

图 10-5 液晶显示屏接口及驱动信号输入接口实物外形

2. 图像信号处理电路及存储器电路

图像信号处理电路可将液晶显示屏驱动信号输入接口送来的视频信号变为液晶显示屏驱动信号；而存储器电路主要用来配合图像信号处理电路来处理视频图像信号的。图 10-6 所示为图像信号处理电路及存储器电路的实物外形。

3. 液晶显示屏供电电路

在液晶显示屏驱动电路中有专门的液晶显示屏电压供电电路。该电路的核心部分是一个

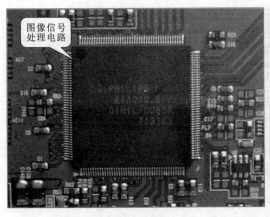

（a）图像信号处理电路

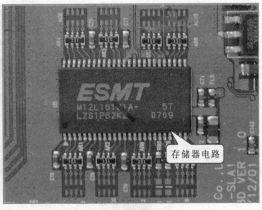

（b）存储器电路

图 10-6 图像信号处理电路及存储器电路实物外形

开关电源变换集成电路（TPS65161），如图 10-7 所示。

图 10-7 液晶显示屏供电电路实物外形

10.2 等离子、液晶电视机显示屏驱动电路分析

10.2.1 等离子电视机显示屏驱动电路分析

等离子电视机是采用等离子显示屏作为显示器件，通过等离子显示屏驱动电路驱动其工作，显示图像信息，不同品牌型号的等离子显示屏驱动电路的信号流程基本相同。图 10-8 所示为典型等离子显示屏驱动电路的信号流程。由图可见，等离子显示屏的 X 驱动电路、Y 驱动电路和逻辑驱动电路分别接收由信号处理电路送来的图像信号，并将其变为等离子显示屏的驱动信号后，通过连接屏线送往等离子显示屏中显示图像。

图 10-9 所示为典型等离子显示屏驱动信号产生电路原理图。该电路接收数字图像处理

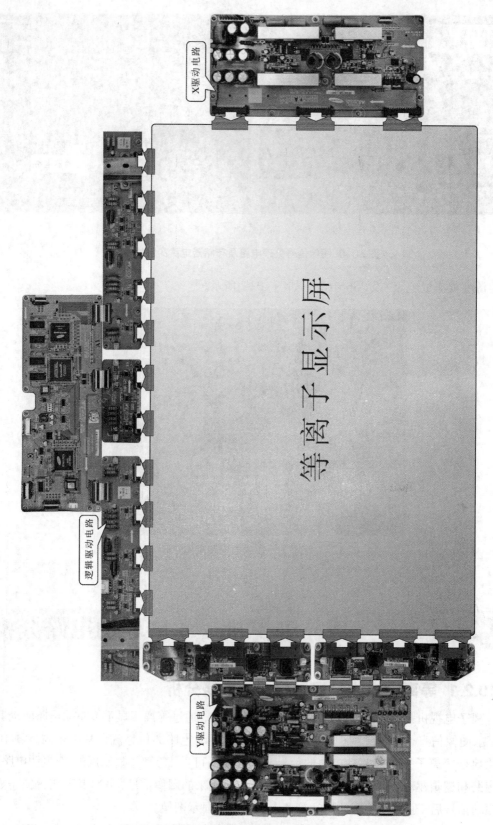

图 10-8 典型等离子显示屏驱动电路的信号流程

电路送来的视屏 R、G、B 信号，行、场信号等，经显示屏驱动信号产生电路 U22（DS90C383）处理后，输出等离子显示屏的驱动信号，经插件 J15 输出到等离子显示屏驱动电路中。

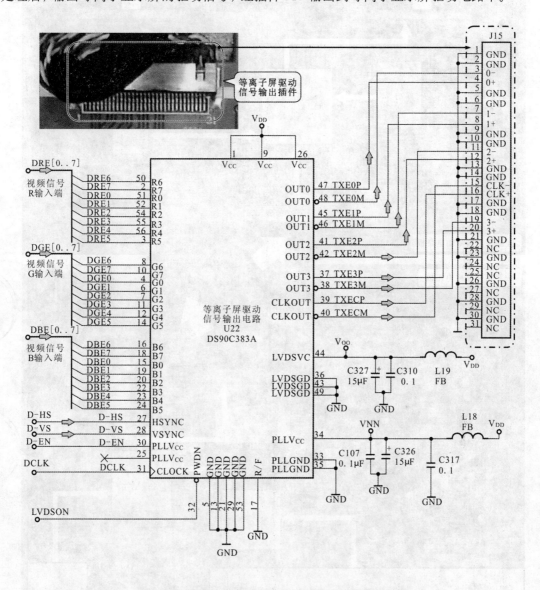

图 10-9 典型等离子显示屏驱动信号产生电路原理图

10.2.2 液晶电视机显示屏驱动电路分析

图 10-10 所示，为长虹 LT3788 型液晶电视机的液晶显示屏驱动电路信号流程。由各种视频输入接口送来的视频信号，经视频解码器以及数字图像处理电路后变为 LVDS 驱动信号，通过液晶显示屏驱动信号输入接口送往液晶显示屏驱动电路板上。液晶显示屏供电电路为数字图像处理电路提供所需的工作电压，存储器为其工作提供程序和数据支持，使其启动工作。LVDS 驱动信号经图像信号处理电路后变为驱动液晶显示屏的信号，并由屏线送往液晶显示屏组件中，使其显示高清晰度图像。

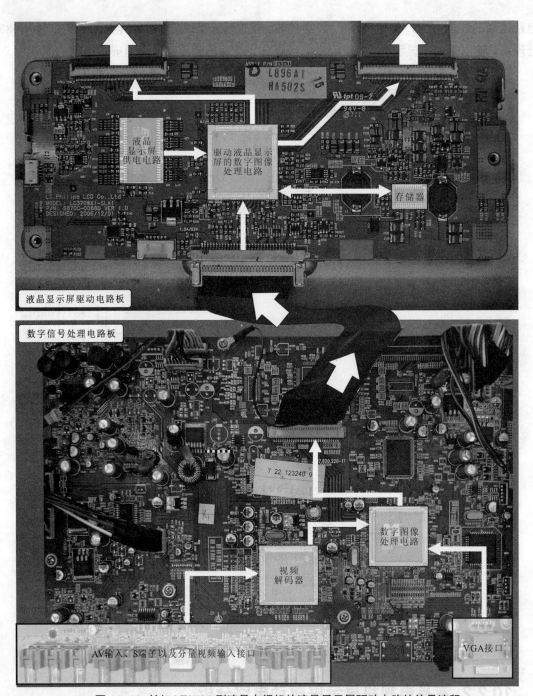

图 10-10 长虹 LT3788 型液晶电视机的液晶显示屏驱动电路的信号流程

10.3 等离子、液晶电视机显示屏驱动电路的检修方法

10.3.1 等离子电视机显示屏驱动电路的检修方法

等离子电视机显示屏驱动电路出现故障时，应先观察等离子显示屏组件表面是否损坏，

若其损坏，需直接进行更换；若正常，则需通过万用表或示波器检测等离子显示屏驱动电路中关键元器件相关引脚的电压或电阻值以及信号波形，判断等离子显示屏驱动电路的故障所在。

1. 屏线及连接数据线的检修方法

等离子显示屏驱动电路输出的驱动信号是通过屏线传送到等离子显示屏上的，当其屏线损坏，将无法传送驱动信号，导致等离子显示屏出现无图像、黑屏、花屏等故障现象；而连接数据线是用于传送各个电路板之间的传输信号的，当其损坏会影响到信号的传送，进而造成等离子显示屏组件出现故障。

1) 检查屏线

观察屏线表面是否有断裂、损坏的现象，插接是否良好等。若损坏，应对其进行更换；若连接松动应重新进行插接。屏线检查方法如图 10-11 所示。

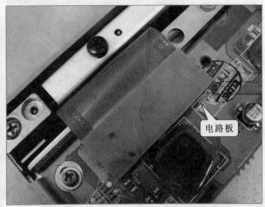

图 10-11 屏线的检查方法

2) 检查连接数据线及接口

首先，观察连接数据线表面是否有断裂、损坏的现象，并检查与其接口连接是否牢固。若损坏，应对其进行更换；若松动应重新插接。其次，观察驱动电路板之间接口与接口之间的连接是否正常。若松动需重新进行插接；若接口表面损坏，应对其进行更换。连接数据线及接口的检查方法如图 10-12 所示。

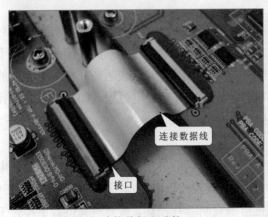

（a）连接数据线及接口　　　　　　　　（b）驱动电路板及接口

图 10-12 连接数据线及接口的检查方法

2. 驱动晶体管的检修方法

在等离子电视机显示屏驱动电路中有许多驱动晶体管，检修时，应重点对其进行检测。由于驱动晶体管的个数较多且结构和连接方式均相同，因此可通过对比法进行检测，即使用万用表检测各引脚之间的阻值与另一个驱动晶体管各引脚之间的阻值进行比较，即可判断该驱动晶体管是否损坏。

驱动晶体管的检测如图 10-13 所示。其各引脚之间的阻值见表 10-1。

（a）检测方法

（b）示数

图 10-13 驱动晶体管的检测

表 10-1 驱动晶体管各引脚之间的阻值 （KΩ）

黑表笔	红表笔	阻值	红表笔	黑表笔	阻值
①脚	②脚	18.0	①脚	②脚	100.0
①脚	③脚	9.0	①脚	③脚	9.0
②脚	③脚	220.0	②脚	③脚	2.5

3. 电解电容器的检修方法

在等离子显示屏驱动电路板上有许多电解电容器。由于电解电容器是较容易损坏的器件，因此应特别予以关注。检修时，应先观察电解电容器表面是否有漏液、烧焦等痕迹。对于有损坏迹象的电解电容器应重点检查。检查的方法是：将万用表的红表笔搭在电解电容器的负极，黑表笔搭在电解电容器的正极，检测电解电容器是否有充放电过程（即万用表的表针是否摆动及摆动后是否能缓慢回到原位），如图 10-14 所示。

4. 芯片的检测方法

在等离子显示屏驱动电路中有许多芯片，检测时可以通过测量其输入、输出引脚的电压或观察其输入、输出引脚的信号波形判断其好坏。若其输入引脚电压不对或信号波形不正常，应检查其前级电路；若其输入正常而输出不正常则表明芯片损坏，需要对其进行更换。下面以等离子显示屏驱动信号产生电路（DS90C383A）为例进行检测。

（a）检测方法　　　　　　　　　　　（b）摆动情况

图 10-14　电解电容器的检测

1）检测显示屏驱动信号产生电路输入的视频 R 信号

将示波器接地夹接地，探头分别搭接在 U22(DS90C383A) 的②、③、⑤⓪~⑤②、⑤④~⑤⑥脚处（参见图 10-9），检测其输入的视频 R 信号是否正常，如图 10-15 所示。

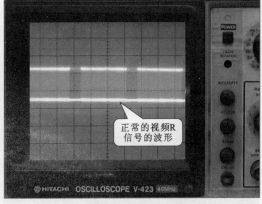

（a）检测方法　　　　　　　　　　　（b）波形

图 10-15　检测显示屏驱动信号产生电路输入的视频 R 信号

2）检测显示屏驱动信号产生电路输入的其他信号波形

用同样的方法，将探头分别搭接在 U22 的④、⑥~⑧、⑩~⑫、⑭脚，检测显示屏驱动信号产生电路输入的视频 G 信号是否正常，如图 10-16（a）所示；将探头分别搭接在 U22 的⑮、⑯、⑱~⑳、㉒~㉔脚，检测显示屏驱动信号产生电路输入的视频 B 信号是否正常，如图 10-16（b）所示；将探头分别搭接在 U22 的㉗脚和㉘脚，分别检测显示屏驱动信号产生电路输入的行同步信号和场同步信号是否正常，分别如图 10-16（c）、（d）所示。

3）检测显示屏驱动信号产生电路输出的信号波形

等离子显示屏驱动信号产生电路 U22（DS90C383A）输出信号的检测方法如图 10-17所示。将示波器接地夹接地，探头分别搭接在㊲和㊳、㊶和㊷、㊺和㊻、㊼和㊽脚 4 路显示屏驱动信号输出端，检测其输出的显示屏驱动信号是否正常。

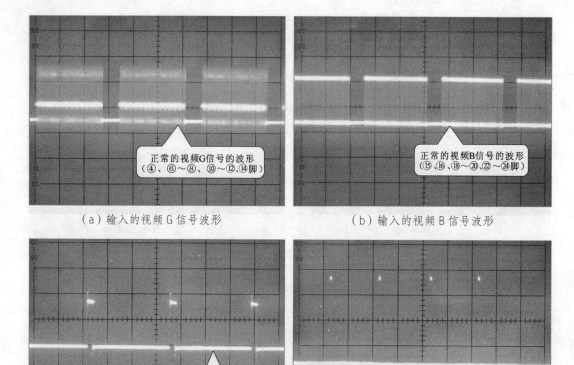

（a）输入的视频 G 信号波形　　　　　　　　（b）输入的视频 B 信号波形

（c）输入的行同步信号波形　　　　　　　　（d）输入的场同步信号波形

图 10-16 等离子显示屏驱动信号产生电路 U22（DS90C383A）其他输入信号的检测波形

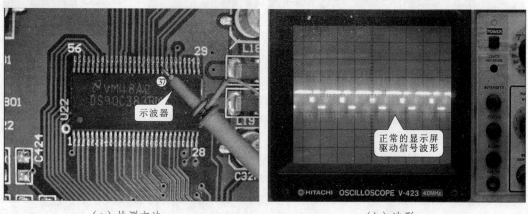

（a）检测方法　　　　　　　　　　　（b）波形

图 10-17 等离子显示屏驱动信号产生电路 U22（DS90C383A）输出信号的检测

10.3.2 液晶电视机显示屏驱动电路的检修方法

液晶电视机显示屏驱动电路出现故障时，应先观察液晶显示屏组件表面是否损坏。若其损坏，需直接进行更换。同时，还应检查是否由于背光灯管出现故障而引起的液晶显示屏故障。若背光灯管损坏，应对其进行更换；若正常，则需借助万用表和示波器等检测工具，通过检测各关键元器件相关引脚的电压或电阻值，以及相关引脚的信号波形，判断液晶显示屏驱动电路的故障所在。

1. 输入信号的检测

在检测输入信号时，应先观察液晶显示屏驱动信号输入接口表面是否有虚焊、断针等现象。若接口正常，再使用示波器在液晶显示屏驱动信号输入接口处检测数字信号处理电路送来的驱动信号是否正常。若该信号正常，则继续往下级电路进行检测；若该信号不正常，则故障可能是由前级的数字信号处理电路引起的，应先排除前级电路故障。

驱动信号输入接口各引脚输入信号的检测，如图 10-18（a）所示。将示波器接地夹接地，探头分别搭在液晶显示屏驱动信号输入接口的①、⑬、⑭、⑯、⑰、⑲、⑳、㉖脚，检测输入的信号波形是否正常。其中⑬脚的正常信号波形如图 10-18（b）所示；其余各引脚输入的正常信号波形分别如图 10-19（a）～（f）所示。

（a）检测方法 　　　　　　　　　　　　　　（b）⑬脚波形

图 10-18 液晶显示屏驱动信号输入接口输入信号的检测方法及⑬脚波形

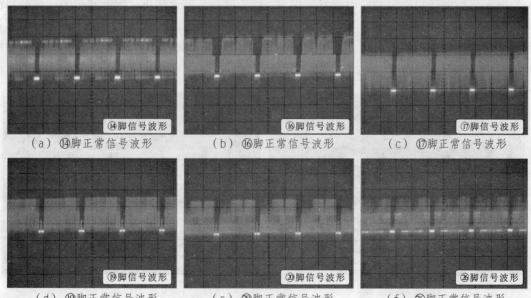

（a）⑭脚正常信号波形　　　　（b）⑯脚正常信号波形　　　　（c）⑰脚正常信号波形

（d）⑲脚正常信号波形　　　　（e）⑳脚正常信号波形　　　　（f）㉖脚正常信号波形

图 10-19 液晶显示屏驱动信号输入接口各引脚输入的正常信号波形

2. 输出信号的检测

当输入信号正常时，则需检查与液晶显示屏组件连接的液晶显示屏接口及屏线是否有断裂、虚焊等现象。若表面正常，则需在该接口处使用示波器检测液晶显示屏驱动电路输出的驱动信号是否正常。若无信号输出，则表明液晶显示屏驱动电路内部存在故障元件，需要逐一对其进行检测判断，查找故障点。

1）观察液晶显示屏接口及屏线表面

液晶显示屏接口及屏线表面的检查，如图 10-20 所示。首先，观察屏线表面是否有断裂、损坏的现象。若损坏，应对其进行更换。其次，观察屏线与电路板及显示屏接口处的连接是否正常，引脚是否虚焊。

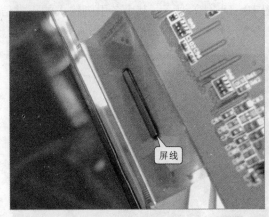

（a）屏线　　　　　　　　　　　　（b）电路板接口

图 10-20　液晶显示屏接口及屏线表面的检查

2）检测液晶显示屏接口各引脚输出信号

液晶显示屏接口各引脚输出信号的检查，将示波器接地夹接地，探头分别搭在液晶显示屏接口的⑯、㉑、㉒、㉔、㉕、㉗、㉘、㉚、㉛、㉝、㉞、㊴、㊵、㊼脚，如图 10-21（a）所示，检测各引脚输出的信号波形是否正常。其中：⑯脚的正常信号波形如图 10-21（b）所示，其余引脚的正常信号波形分别如图 10-22（a）～（l）所示。

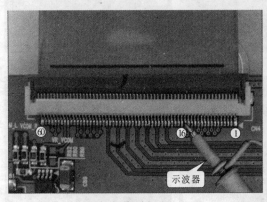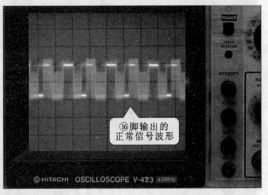

（a）检测方法　　　　　　　　　　（b）⑯脚波形

图 10-21　液晶显示屏接口各引脚输出信号的检测方法及⑯脚波形

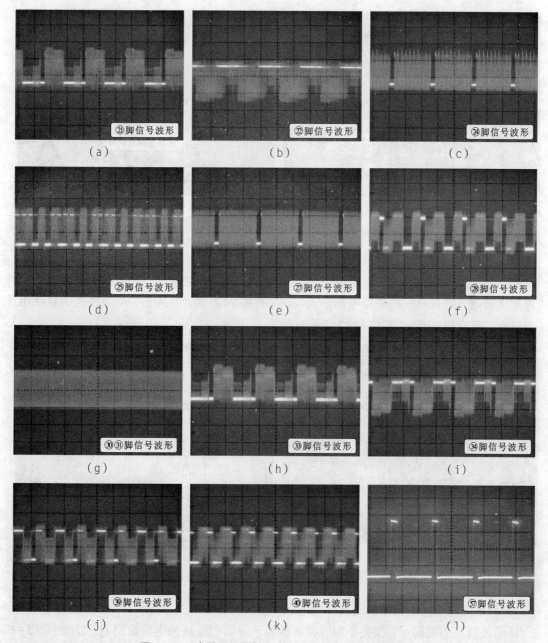

图 10-22　液晶显示屏接口各引脚输出的正常信号波形

3. 供电电路的检测

液晶显示屏供电电路是液晶显示屏驱动电路正常工作的基本条件之一，若该电路不正常，则驱动信号无法送至液晶显示屏组件中。

1）检测供电电路电源输入端脉冲信号

液晶显示屏供电电路电源输入端脉冲信号的检测，如图 10-23 所示。将示波器接地夹接地，探头分别搭在液晶显示屏供电电路的电源输入端（⑳脚和㉑脚），检测供电电路输入的脉冲信号是否正常。

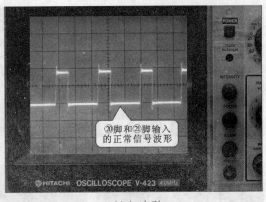

（a）检测方法　　　　　　　　　　　　（b）波形

图 10-23　液晶显示屏供电电路电源输入端脉冲信号的检测

2）检测供电电路电源输入端电压

液晶显示屏供电电路电源输入端电压的检测，如图 10-24 所示。将万用表的黑表笔搭在接地端⑦脚处，红表笔分别搭在电源输入端（⑳脚和㉑脚），检测其开关电源送入的直流电压是否正常。正常时⑳脚和㉑脚应有 12 V 直流电压。

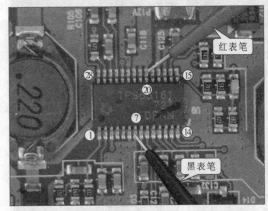

（a）检测方法　　　　　　　　　　　　（b）示数

图 10-24　液晶显示屏供电电路电源输入端电压的检测

3）检测供电电路电源输出端脉冲信号

将示波器接地夹接地，探头分别搭在液晶显示屏供电电路的电源输出端（⑩脚、⑪脚和⑱脚），如图 10-25（a）所示检测供电电路输出的脉冲信号是否正常。其正常信号波形分别如图 10-25（b）~（d）所示。

4. 数字图像处理电路的检测

在实际检修过程中，若液晶显示屏驱动电路的输入信号正常，供电电路的信号和电压也正常，但输出信号不正常，应重点检测电路中的数字图像处理电路的输入、输出信号。该电路不正常，无法将视频图像信号转变为 LVDS 驱动信号，液晶显示屏无法工作，从而引起电视机黑屏的故障。

数字图像处理电路（R8A01028FP）是一只多引脚超大规模集成电路，直接测量其引脚的信号通常比较困难，因此需从外围元器件间接地检测它的输入和输出信号。

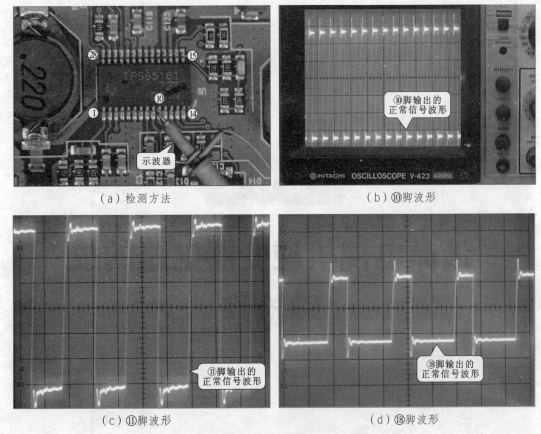

（a）检测方法　　　　　　　　　　　　　（b）⑩脚波形

（c）⑪脚波形　　　　　　　　　　　　　（d）⑱脚波形

图 10-25 液晶显示屏供电电路电源输出端输出信号的检测

　　数字图像处理电路的检测方法如图 10-26 所示。从图可看到，该数字图像处理电路的各输入、输出信号的引脚，其中输入端信号可通过在液晶显示屏驱动信号输入接口端进行检测，而输出信号则可在液晶显示屏接口端进行检测，其检测波形同液晶显示屏驱动信号输入接口端和液晶显示屏接口端的信号波形相同。

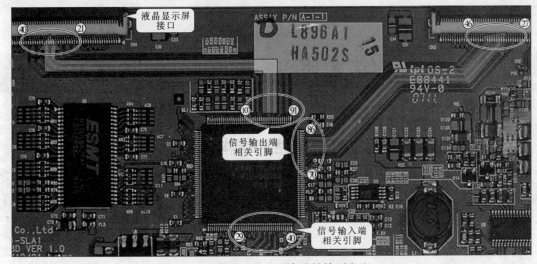

图 10-26 数字图像处理电路的检测方法

第 11 章

液晶电视机逆变器电路的故障检修

11.1　液晶电视机逆变器电路的结构特点

11.1.1　液晶电视机逆变器电路的结构特点

　　液晶电视机逆变器电路是为液晶显示屏背光灯供电的电路。其电路板结构如图 11-1 所示。该电路主要由逆变器控制芯片（PWM 产生电路）、升压变压器、场效应管、背光灯接口以及各种贴片式电子元器件构成。

（a）逆变器电路板正面

（b）逆变器电路板背面

图 11-1 典型液晶电视机逆变器电路

1. 逆变器控制芯片

逆变器控制芯片也称为脉宽调制（PWM）信号产生集成电路。它是具有自动调整功能的贴片式集成电路，用于产生脉宽驱动信号，经驱动晶体管放大后，为升压变压器提供驱动脉冲信号。图 11-2 所示为液晶电视机中逆变器控制芯片的实物外形。

（a）OZ9982GN 型　　　　　　　　　　　　（b）OBB3302CP 型

图 11-2 逆变器控制芯片的实物外形

2. 驱动场效应管

驱动场效应管用于将逆变器控制芯片产生的脉宽驱动信号放大后输出，为升压变压器提供驱动脉冲信号。在有些液晶电视机的逆变器电路中，将两个场效应管集成在一起作为脉宽驱动信号放大器件，该类型场效应管也称为双场效应管，而在另一些液晶电视机的逆变器电路中采用独立的场效应管作为脉宽驱动信号放大器件。图 11-3 所示是两种不同结构场效应管的外形和电路结构图。

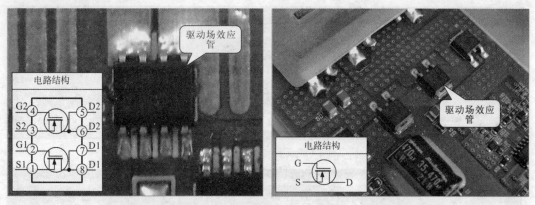

图 11-3 两种不同结构形式场效应管的实物外形和电路图

3. 升压变压器

升压变压器主要用于对交流驱动信号电压进行提升，达到背光灯所需的电压。图 11-4 所示为不同液晶电视机逆变电路中的升压变压器的实物外形。

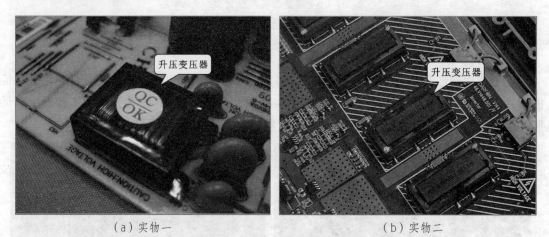

（a）实物一　　　　　　　　　　　　　（b）实物二

图 11-4 升压变压器的实物外形

4. 背光灯接口

背光灯接口用于将逆变器电路输出的高压信号输入到背光灯中，为背光灯供电。图 11-5 所示，为液晶电视机逆变电路中的背光灯接口外形。液晶电视机根据背光灯数量的不同，背光灯接口的数量也有所不同。

11.1.2 液晶电视机逆变器电路的工作原理

液晶电视机中液晶显示屏面板不能发光，通常将一种冷阴极荧光灯管设置在液晶屏的背部作为光源，该光源称为背光灯。要使背光灯发光需要几十千赫的交流高压（约 700 V），为此需要逆变器电路来产生交流高压。图 11-6 所示为液晶电视机逆变器电路的电路结构和工作原理示意图。

在液晶电视机开机瞬间，由微处理器送来的逆变器控制信号以及由开关电源送来的 +24 V 供电电压，经插件 CN1 送入逆变器中，再经逆变器控制芯片变为脉冲驱动信号，分别

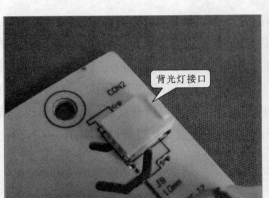

（a）实物一

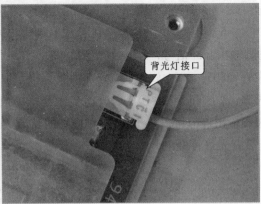

（b）实物二

图11-5　背光灯接口实物外形

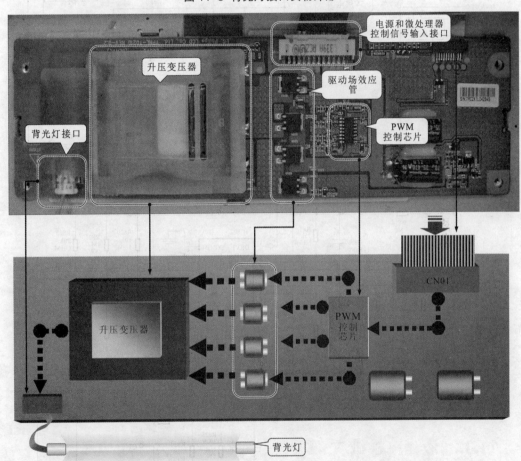

图11-6　液晶电视机逆变器电路的电路结构和工作原理示意图

送往四个驱动场效应管中进行放大，并将放大后的脉冲驱动信号送入升压变压器中。升压变压器次级绕组产生约700 V左右的交流电压，通过背光灯接口送往背光灯管中，驱动并控制其发光。

图11-7和图11-8所示为创维19S19IW液晶电视机的逆变器电路。由电源供电电路送来的直流12 V和5 V的电压为逆变器电路供电，同时，由微处理器向该电路输出启停控制信

号（ON/OFF）经限流电阻 R820 送入逆变器控制芯片 IC801（OZ9938GN）的⑩脚。

+5 V 电源为逆变器控制芯片 IC801（OZ9938GN）的②脚供电，IC801 启动，由①脚、⑮脚输出脉冲信号，为场效应管 Q805、Q806 的栅极提供 PWM 脉冲信号。PWM 信号经场效应管 Q805、Q806 放大后，分别由其漏极（D 极）输出，加到升压变压器 PT802 的初级绕组⑥脚、②脚和⑤脚、①脚。升压变压器将场效应管输出的信号电压升高后，由次级绕组⑦脚、⑧脚输出峰值可以达 700 V ~ 800 V 的交流电压。该电压通过背光灯接口 CN801 ~ CN804 为 4 只背光灯管供电。

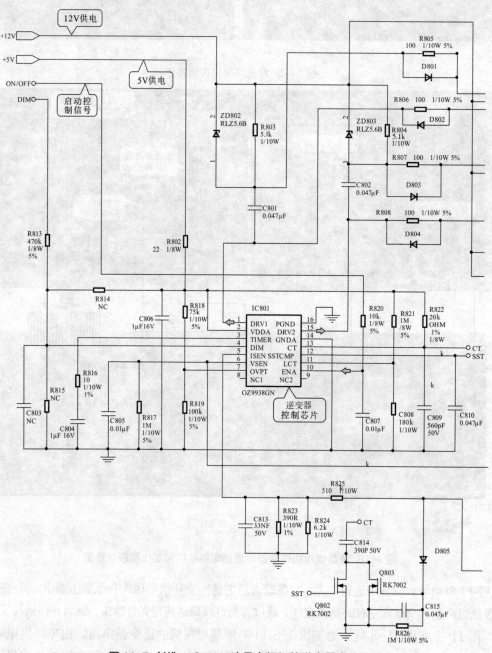

图 11-7 创维 19S19lW 液晶电视机的逆变器电路（一）

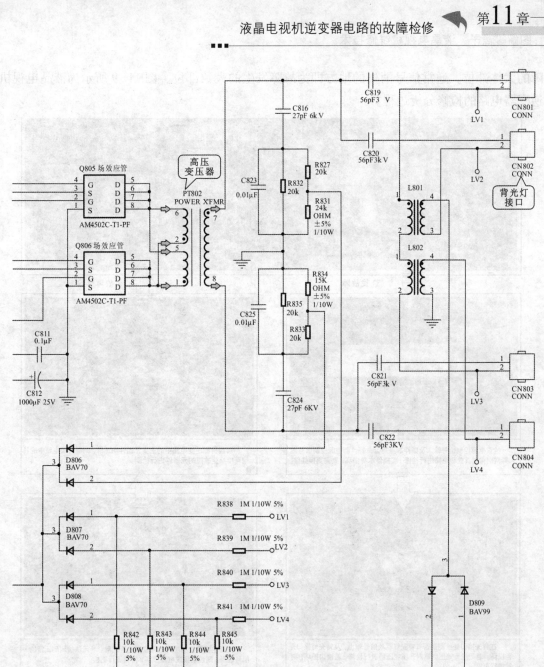

图 11-8　创维 19S19IW 液晶电视机的逆变器电路（二）

11.2　液晶电视机逆变器电路的检修分析和检修方法

11.2.1　液晶电视机逆变器电路的检修分析

液晶电视机逆变器电路出现故障时，主要表现为黑屏、屏幕闪烁、有干扰波纹等。检修时一般可逆其信号流程对电路中关键元器件的驱动信号输出、输入引脚逐步检测，来判断故障的大体部位。通常信号消失的地方即为故障发生的大致部位。图 11-9 所示为液晶电视机逆变器电路的检修分析过程。

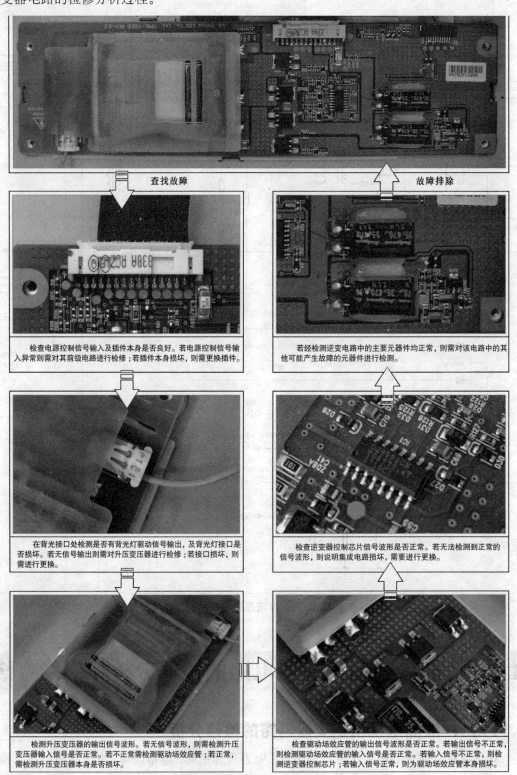

查找故障　　　　　　　　　　　　　　故障排除

检查电源控制信号输入及插件本身是否良好。若电源控制信号输入异常则需对其前级电路进行检修；若插件本身损坏，则需更换插件。

若经检测逆变电路中的主要元器件均正常，则需对该电路中的其他可能产生故障的元器件进行检测。

在背光接口处检测是否有背光灯驱动信号输出，及背光灯接口是否损坏。若无信号输出则需对升压变压器进行检修；若接口损坏，则需进行更换。

检查逆变器控制芯片信号波形是否正常。若无法检测到正常的信号波形，则说明集成电路损坏，需要进行更换。

检测升压变压器的输出信号波形。若无信号波形，则需检测升压变压器输入信号是否正常。若不正常需检测驱动场效应管；若正常，需检测升压变压器本身是否损坏。

检查驱动场效应管的输出信号波形是否正常。若输出信号不正常，则检测驱动场效应管的输入信号是否正常。若输入信号不正常，则检测逆变器控制芯片；若输入信号正常，则为驱动场效应管本身损坏。

图 11-9 液晶电视机逆变器电路的检修分析过程

11.2.2　液晶电视机逆变器电路的检修方法

1. 电源控制信号输入端的检测方法

根据检修流程，液晶电视机逆变器电路有故障时，应首先检查基本的工作条件是否正常。检测时应先观察连接插件表面是否损坏，引脚焊点是否虚焊。若正常，再使用万用表检测其输入的控制信号是否正常。

1）检测输入的供电电压

输入的供电电压检测如图 11-10 所示。将万用表的黑表笔搭在接地端①脚处，红表笔搭在供电端③脚处，检测其开关电源送入的直流电压是否正常。

（a）检测方法　　　　　　　　　　　（b）示数

图 11-10　检测输入的供电电压

2）检测输入的控制信号

输入的控制信号检测如图 11-11 所示。将万用表的黑表笔搭在接地端①脚处，红表笔搭在控制信号输入端⑥脚处，检测其微处理器送入的控制信号是否正常。

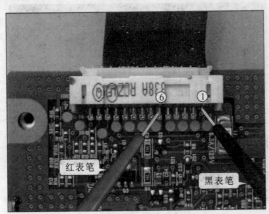

（a）检测方法　　　　　　　　　　　（b）示数变化

图 11-11　检测输入的控制信号

2. 背光灯接口的检测方法

检修时，应先观察背光灯接口表面是否有烧焦、虚焊等现象。若有，应对烧焦、虚焊的背光灯接口进行更换；若无，则需通过示波器检测其输出的驱动信号波形是否正常。若该接口无信号波形输出，则说明背光灯接口的前级电路出现故障，需要对升压变压器的输出电路进行检查。

背光灯接口的检测如图11-12所示。将示波器探头靠近背光灯接口，检测背光灯接口输出的背光灯驱动信号是否正常。

（a）检测方法 　　　　　　　　　　（b）波形

图 11-12 背光灯接口的检测

3. 升压变压器的检测方法

升压变压器损坏将无法输出背光灯所需的高压电压。由于升压变压器输出交流电压的幅度为 800 V ~ 1000 V，超过示波器的正常检测范围，因此可采用感应法，用示波器通过检测升压变压器辐射的交流信号间接地进行检测判断。

升压变压器的检测方法如图11-13所示。将示波器探头靠近升压变压器的磁芯，检测升压变压器辐射的交流信号是否正常。

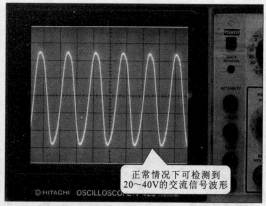

（a）检测方法 　　　　　　　　　　（b）波形

图 11-13 升压变压器的检测方法

4. 驱动场效应管的检测方法

驱动场效应晶体管用于放大脉冲信号。当其损坏时，会导致液晶显示屏出现黑屏、屏幕闪烁、有干扰波纹等故障。可通过检测其输入、输出的交流脉冲信号波形对其进行判断。若输入信号正常，而输出信号不正常，则说明场效应管已损坏，需要更换。检修时应注意判断驱动场效应晶体管的输入、输出端，不同结构的驱动场效应管其输入、输出端不同。但其检测方法均相同。

1) 检测输入交流脉冲信号波形

驱动场效应管输入交流脉冲信号波形的检测，如图11-14所示。先将示波器置于"×10挡"再将接地夹接地探头搭在驱动场效应管的①脚输入端，检测输入的脉冲信号波形是否正常。

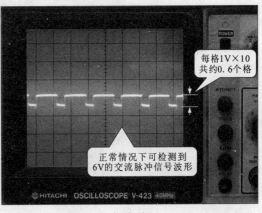

（a）检测方法　　　　　（b）波形

图 11-14　驱动场效应管输入交流脉冲信号波形的检测

2) 检测输出交流脉冲信号波形

驱动场效应晶体管输出交流脉冲信号波形的检测，如图11-15所示。先将示波器置于"×10挡"再将接地夹接地探头搭在驱动场效应晶体管的③脚输出端，检测输出的脉冲信号波形是否正常。

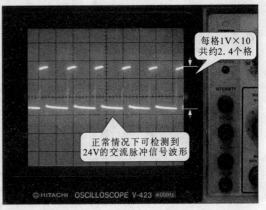

（a）检测方法　　　　　（b）波形

图 11-15　驱动场效应晶体管输出交流脉冲信号波形的检测

5. 逆变器控制芯片的检测方法

逆变器控制芯片用于产生脉宽驱动信号。当其损坏时，将直接导致液晶电视机的逆变器电路不工作，进而引起显示屏出现黑屏的故障现象。检修时，可通过检测其输入、输出的信号波形对其进行判断。若逆变器控制芯片有输入信号无输出信号，则说明其损坏，需要对其进行更换。

逆变器控制芯片各引脚脉冲信号波形的检测方法，如图 11-16 所示。将示波器接地夹接地探头分别搭在逆变器控制芯片的各输入输出引脚处，分别检测各引脚的脉冲信号波形是否正常。逆变器控制芯片各引脚的正常脉冲信号波形，如图 11-17 所示。

图 11-16 逆变器控制芯片各引脚脉冲信号波形的检测方法

逆变器控制芯片各引脚的正常脉冲信号波形。

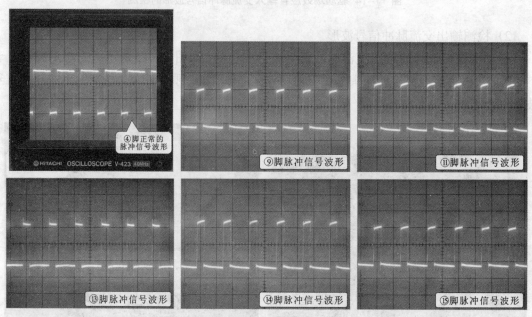

图 11-17 PWM 控制芯片各引脚的正常脉冲信号波形